核与辐射
科普知识

广西壮族自治区辐射环境监督管理站　编著

U0397070

广西科学技术出版社

图书在版编目（CIP）数据

核与辐射科普知识／广西壮族自治区辐射环境监督
管理站编著 . —南宁：广西科学技术出版社，2021.12
（2023.12重印）
　　ISBN 978-7-5551-1762-9

　　Ⅰ.①核…　Ⅱ.①广…　Ⅲ.①核辐射—基本知识
Ⅳ.①TL7

中国版本图书馆CIP数据核字（2022）第003536号

HE YU FUSHE KEPU ZHISHI
核与辐射科普知识
广西壮族自治区辐射环境监督管理站　编著

责任编辑：丘　平　　　　　　　　　　　装帧设计：韦娇林
责任校对：苏深灿　　　　　　　　　　　责任印制：韦文印

出 版 人：卢培钊
出版发行：广西科学技术出版社
社　　址：南宁市东葛路 66 号　　　　　邮政编码：530023
网　　址：http://www.gxkjs.com

经　　销：全国各地新华书店
印　　刷：北京虎彩文化传播有限公司

开　　本：787 mm×1092 mm　　1/16
字　　数：80 千字　　　　　　　　　　印　　张：7.75
版　　次：2021 年 12 月第 1 版
印　　次：2023 年 12 月第 2 次印刷
书　　号：ISBN 978-7-5551-1762-9
定　　价：58.00 元

《核与辐射科普知识》编委会

主　编　李清峰

副主编　冯亮亮　于　嵘

编　委　陈宝才　何贤文　郑黄婷

　　　　崔晓蓬　詹　晨　张贤庚

　　　　梁庭银　周世铭　刘　璟

　　　　刘静西　龙婷婷

内容简介

《核与辐射科普知识》是为了进一步宣传核与辐射科普知识，由广西壮族自治区辐射环境监督管理站组织专家编写，详细介绍核辐射安全相关知识的科普图书。

全书围绕核与辐射基本知识、核电、铀矿冶及伴生放射性矿、核技术的应用、电磁环境、辐射环境、电离辐射对人体的危害及预防等内容展开，对引导大众普及核与辐射基本知识，纠正核与辐射错误观念，树立正确的核与辐射安全观，具有重要的科普价值和现实意义。

本书内容权威规范，语言通俗易懂，插图生动形象，在编写上力求对核与辐射相关知识进行详尽、通俗、科学的阐述，可作为公众科普读物和普及教材。

目 录

第一章

核与辐射
基本知识

我们身边的辐射

辐射无处不在。从遥远的星系到太空，再到地球上的一草一木，包括我们呼吸的空气、喝的水、吃的食物、居住的房子等，到处都有辐射的影子（见图 1–1）。

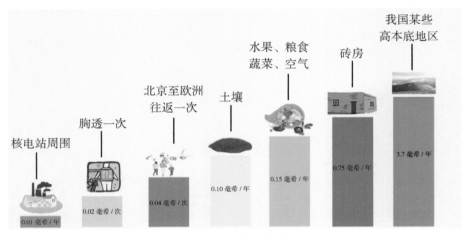

图 1–1　辐射无处不在

辐射无时不在。自古以来，人类一直生活在充斥着辐射的环境中，时时刻刻受到辐照的影响（见图 1–2）。这种现象，伴随地球的形成就已经存在，由于它看不见、摸不着，长期以来，人们对它缺乏足够的认识。

从元素周期表中可以发现，自然界中存在着许多放射性元素，如铀（U）、钍（Th）等，这些元素具有的放射性其实就是一种辐射现象（见图 1–3）。这些放射性元素一般都是微量的，普遍存在于土壤、岩石、水和空气中。

图 1–2 辐射无时不在

元 素 周 期 表

原子序数 — 92 U — 元素符号，红色指放射性元素

元素名称 注 * 的是人造元素 — 铀

$5f^36d^17s^2$ — 外围电子层排布，括号指可能的电子层排布

238.0 — 相对原子质量（加括号的数据为该放射性元素半衰期最长同位素的质量数）

金属 / 惰性气体 / 非金属 / 过渡元素

族 / 周期	I A 1	II A 2	III B 3	IV B 4	V B 5	VI B 6	VII B 7	VIII 8	VIII 9	VIII 10	I B 11	II B 12	III A	IV A	V A	VI A	VII A	0	电子层	0族电子数
1	1 H 氢 1.008																	2 He 氦 4.003	K	2
2	3 Li 锂 6.941	4 Be 铍 9.012											5 B 硼 10.81	6 C 碳 12.01	7 N 氮 14.01	8 O 氧 16.00	9 F 氟 19.00	10 Ne 氖 20.18	L K	8 2
3	11 Na 钠 22.99	12 Mg 镁 24.31											13 Al 铝 26.98	14 Si 硅 28.09	15 P 磷 30.97	16 S 硫 32.06	17 Cl 氯 35.45	18 Ar 氩 39.95	M L K	8 8 2
4	19 K 钾 39.10	20 Ca 钙 40.08	21 Sc 钪 44.96	22 Ti 钛 47.87	23 V 钒 50.94	24 Cr 铬 52.00	25 Mn 锰 54.94	26 Fe 铁 55.85	27 Co 钴 58.93	28 Ni 镍 58.69	29 Cu 铜 63.55	30 Zn 锌 65.39	31 Ga 镓 69.72	32 Ge 锗 72.63	33 As 砷 74.92	34 Se 硒 78.96	35 Br 溴 79.90	36 Kr 氪 83.80	N M L K	8 18 8 2
5	37 Rb 铷 85.47	38 Sr 锶 87.62	39 Y 钇 88.91	40 Zr 锆 91.22	41 Nb 铌 92.91	42 Mo 钼 95.94	43 Tc 锝 [98]	44 Ru 钌 101.1	45 Rh 铑 102.9	46 Pd 钯 106.4	47 Ag 银 107.9	48 Cd 镉 112.4	49 In 铟 114.8	50 Sn 锡 118.7	51 Sb 锑 121.8	52 Te 碲 127.6	53 I 碘 126.9	54 Xe 氙 131.3	O N M L K	8 18 18 8 2
6	55 Cs 铯 132.9	56 Ba 钡 137.3	57~71 La~LU 镧系	72 Hf 铪 178.5	73 Ta 钽 181.0	74 W 钨 184.0	75 Re 铼 186.0	76 Os 锇 190.0	77 Ir 铱 192.0	78 Pt 铂 195.0	79 Au 金 197.0	80 Hg 汞 200.6	81 Tl 铊 204.5	82 Pb 铅 207.0	83 Bi 铋 209.0	84 Po 钋 [209]	85 At 砹 [210]	86 Rn 氡 [222]	P O N M L K	8 18 32 18 8 2
7	87 Fr 钫 [223]	88 Ra 镭 [226]	89~103 Ac~Lr 锕系	104 Rf 𬬻 * [261]	105 Db 𬭊 * [262]	106 Sg 𬭳 * [263]	107 Bh 𬭛 * [264]	108 Hs 𬭶 * [265]	109 Mt 鿏 * [268]	110 Uun * [269]	111 Uuu * [272]	112 Uub * [277]								

镧系	57 La 镧 139.0	58 Ce 铈 140.0	59 Pr 镨 141.0	60 Nd 钕 144.0	61 Pm 钷 [145]	62 Sm 钐 150.4	63 Eu 铕 152.0	64 Gd 钆 157.0	65 Tb 铽 159.0	66 Dy 镝 162.5	67 Ho 钬 165.0	68 Er 铒 167.0	69 Tm 铥 169.0	70 Yb 镱 173.0	71 Lu 镥 175.0
锕系	89 Ac 锕 [227]	90 Th 钍 232.0	91 Pa 镤 231.0	92 U 铀 238.0	93 Np 镎 237.0	94 Pu 钚 [244]	95 Am 镅 * [243]	96 Cm 锔 * [247]	97 Bk 锫 * [247]	98 Cf 锎 * [251]	99 Es 锿 * [252]	100 Fm 镄 * [257]	101 Md 钔 * [258]	102 No 锘 * [259]	103 Lr 铹 * [260]

注：相对原子质量录自1999年国际原子量表，并全部取4位有效数字。

图 1–3 元素周期表

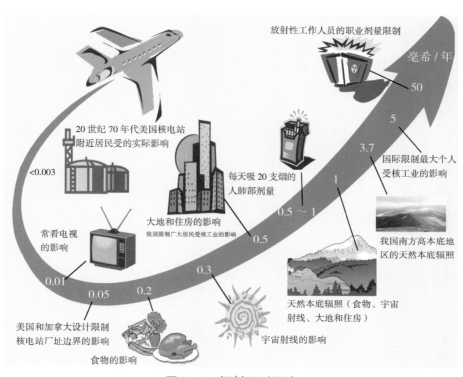

1.什么是辐射

辐射是一种能量，以波或粒子的形式，在空间中传播或扩散，如声辐射、热辐射、电磁辐射、α辐射、β辐射、中子辐射等。

自然界中，我们通常称辐射的现象有许多种，譬如红外线辐射、紫外线辐射、光辐射、电磁辐射、核辐射、放射性辐射等。科学上，我们将辐射定义为：由具有一定能量的场源向外发射出部分电磁能量，而这一部分脱离场源的电磁能量向远处传播，逐渐减弱直至消失的现象。该电磁能量是以电磁波或粒子（如α粒子、β粒子等）的形式向外扩散的。一般而言，自然界中的一切物体，只要温度在绝对零度（−273.15 ℃）以上，都会以电磁波和粒子的形式时刻不停地向外传送热能量，这种传送热能量的方式被称为热辐射。本书主要描述的"辐射"是狭义的，仅指电离辐射和电磁辐射两类。其中，电离辐射是指含有放射性物质的场源或人工制作的辐射场源所发射出的高能量电磁波或粒子（如α粒子、β粒子等）所形成的辐射；电磁辐射是指以电磁波方式传播的较低能量的辐射形式。电磁波谱图见图1-4。

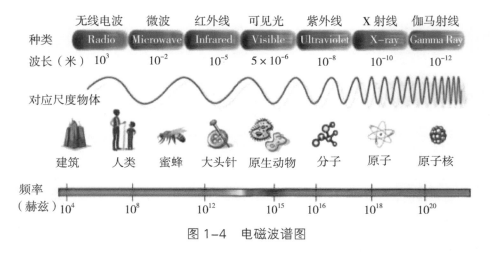

图1-4　电磁波谱图

2. 发现之路

虽然辐射一直存在，但因其无色无味，看不见、摸不着，直到 1895 年，德国物理学家伦琴发现 X 射线。它是一种肉眼看不见的、具有较高能量的、能穿透物质并使胶片感光的电波（见图 1-5）。

1896 年，法国物理学家贝可勒尔发现铀的放射性，人类第一次在实验室观测到放射性现象（见图 1-6）。它使人们对物质的微观结构有了更新的认识，并由此打开了原子核物理学的大门。

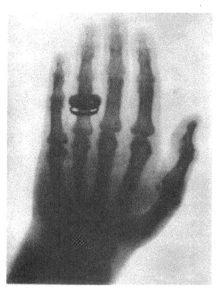

图 1-5 世界上第一张 X 射线照片

图 1-6 贝可勒尔

1897 年，英国物理学家汤姆生发现电子，打破了原子不可分的观念，提出了原子结构的"枣糕"模型（见图 1-7）。

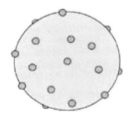

图 1-7　汤姆生原子模型

1898 年，同是法国物理学家的居里夫妇发现钋和镭（见图 1-8）。

图 1-8　居里夫人

1898 年，英国物理学家卢瑟福在"贝可勒尔射线"中发现了 α 粒子和 β 粒子，提出了原子结构的"行星"模型（见图 1-9）。他认为原子的质量几乎全部集中在直径很小的核心区域，即原子核，电子在原子核外绕核做轨道运动。原子核带正电，电子带负电。

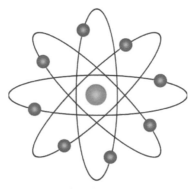

图 1-9　卢瑟福原子结构模型

1900 年，法国物理学家维拉尔（见图 1-10）在镭源的射线中发现了 γ 射线。他认为 γ 射线在性质上像 X 射线，但具有比 X 射线更高的能量和更强的穿透力。

图 1-10　维拉尔

1932 年，英国物理学家查德威克（见图 1-11）发现了中子。他认为这种粒子的质量和质子一样，而且不带电荷。

图 1-11　查德威克

随着科学家的不断发现，微观世界的大门被打开，原子不再是不可分割的。原子结构示意图见图1-12。

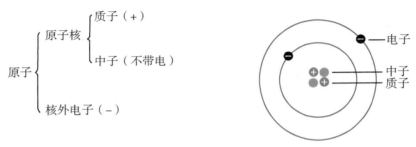

图1-12 原子结构示意图

3. 早期对放射性的认知

从1895年伦琴发现X射线，到1932年查德威克发现中子，这段时间是人类早期对放射性的认识。

令人惋惜的是，在早期人们并没有认识到放射性物质的危害性，还没有建立起辐射防护的概念，对辐射可能造成的损伤普遍认识不足，甚至出现误用放射性物质的情况。

与放射性物质接触较多的主要人群有以下几种：

（1）从事放射性物质研究的科学家。

最早发现放射性现象的贝可勒尔因为成天跟放射性物质接触而使健康受损，在1908年去世，他是第一位因研究放射性物质而献出生命的科学家。

居里夫妇常年从事放射性工作，同时又缺乏充分防护，他们的健康也因此受损，并让周围的物品沾染了这些放射性实验材料。居里夫人的一些书籍、笔记本、论文到现在还存在较强的放射性（见图1-13）。

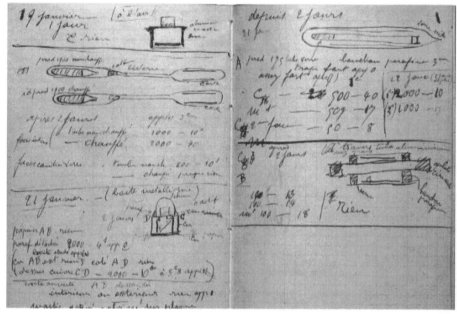

图 1-13 居里夫人用过的笔记本

（2）应用 X 射线的技术人员。

1896 年 1 月，美国的格鲁柏（Grubbe）在制造 X 射线管并进行 X 射线实验时，他的手部发生了皮炎，直至晚年做了手的部分切除手术。

1896 年 3 月，美国的埃迪森（T. A. Edison）在改进 X 射线管和制造 X 射线荧光透视装置数小时后，他感到眼痛，继而发生了结膜炎。

1897 年，奥地利医生弗兰德（L. Freund）受到前人实验的启发，试用 X 射线治疗小儿背部的长毛痣。治疗后不久，这些患者的皮肤出现了红斑和脱毛，结果发生了严重的皮炎和溃疡。

在 X 射线使用的初期，每当透视和拍片时，放射工作人员先把自己的手放在荧光屏和照相底片之间做试验，用荧光屏或底片上骨骼和组织的黑度来判断 X 射线的透过度和剂量。因此，他们的手和手指都受到了严重的辐射损伤，甚至有的人因辐射导致皮肤癌而死亡。

（3）用含镭夜光涂料的操作女工。

第一次世界大战期间，由于夜光手表能让士兵们在黑暗中确认时间，使得夜光表销量很好。因为镭元素会发出荧光，很多制造手表的工厂会聘请女工来为表针涂抹镭。为了更方便细节的操作，女工们常常用舌尖舔舐刷子。无意中，女工们吃进了大量的放射性物质镭，结果她们总是很快就得了重病，没多久就离开了岗位，几乎无一例外（见图1-14）。

图1-14 "镭姑娘"在工作

（4）将放射性物质作为日常消费品的人们。

在早期，人们尝试在某些浅表的肿瘤上固定含镭的放射源，会发现肿瘤迅速缩小了，一些幸运的患者恢复了健康。人们一度认为放射性物质有不可思议的神奇力量，市面上开始大肆鼓吹"镭能治疗癌症"，一些唯利是图的商人纷纷抓住商机，疯狂地在日常生活的各种食品、用品中添加放射性物质镭，还生产了一系列与镭相关的医药产品、保健品，而对它的危害却不以为意。例如含镭的面包、巧克力、冰激凌、饮料、化妆品、牙膏、雪茄、药片，曾掀起了一股消费热潮。据报道，含镭的灵药Radithor（镭补），在1925—1930年就售出了40万瓶（见图1-15）。诸如镭香烟、镭水壶等（见图1-16至图1-18），销量也不少。

美国运动员埃本·拜尔斯（Eben Byers）在一次意外受伤之后，他听从医生建议开始尝试服用"镭补"药品，坚持每天服用2瓶，持续了

3 年，1932 年他因服用"镭补"引起辐射超标而死亡。

图 1-15 "镭补"药品

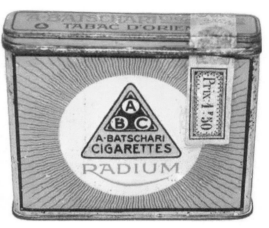

图 1-16 镭香烟

图 1-17 镭水壶

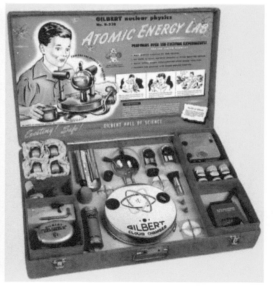

图 1-18 "原子能实验室"儿童玩具

在日常生活中，辐射到底对人有没有危害？要不要闻之色变？我们将在本书中找到答案。

原子、原子核与同位素

1. 原子

原子是化学反应不可再分的最小微粒。原子是由原子核和绕核运动的电子组成，一个原子包含有一个致密的原子核及若干个围绕在原子核周围的电子。

2. 原子核

原子核位于原子的核心，由质子和中子两种微粒组成。质子带正电，其数量决定原子元素种类，中子不带电，核外电子带负电。因为原子核所带正电荷与电子所带负电荷数量相同，故整个原子呈中性。

3. 同位素

具有相同质子数、不同中子数所组成的一组核素称为同位素。例如，氢（H）的质子数为 1，中子数分别为 0、1、2，因此氢有氕（^{1}H）、氘（^{2}H）、氚（^{3}H）3 种同位素。

 放射性与放射性衰变

1. 放射性

放射性是指元素从不稳定的原子核自发地放出射线（如 α 射线、β 射线、γ 射线等），衰变形成稳定的元素而停止放射（衰变产物），这种现象称为放射性。放射性可分为天然放射性和人工放射性。天然放射性是指天然存在的放射性核素所具有的放射性；人工放射性是指用核反应的方法所获得的放射性。人工放射性最早是在 1934 年由法国科学家约里奥－居里夫妇发现的。

2. 放射性衰变

自然界中，绝大多数的核素是不稳定的，它们会自发地发生衰变，从一种元素变为另一种元素，同时放出各种射线，这一过程称为放射性衰变。放射性衰变遵从指数衰减规律。放射性衰变类型通常可分为 α 衰变、β 衰变、电子俘获和重核裂变。

 **辐射的来源**

辐射按照来源分类，可分为天然辐射和人工辐射两大类。

1. 天然辐射

天然辐射是自然界本身存在的辐射，来源于宇宙射线和天然存在的放射性核素（见图 1–19）。从太空来的宇宙射线，地壳中铀、钍、钋及其他放射性物质释放的 α 射线、β 射线、γ 射线，地下溢出的氡气等，都属于天然辐射。这些生活环境中本来存在的辐射被称为本底辐射。

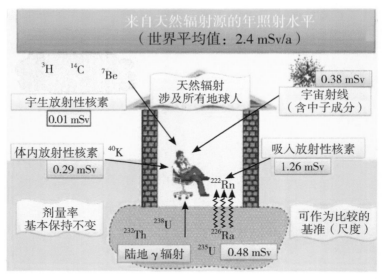

图 1-19 天然辐射的来源

（1）宇宙射线。

宇宙射线是指来自外太空透过大气层到达地球表面的高能粒子。在浩瀚的宇宙中，存在大量的高能粒子，它们的能量为 10^3 eV ~ 10^{20} eV（电子伏），这些粒子进入大气层后逐渐被吸收。由于大气层对宇宙射线具有衰减作用，这些高能射线大部分没有到达地球。

1912 年，德国科学家汉斯带着电离室在乘气球升空测定空气电离度的实验中，发现电离电流随海拔升高而变大。根据这一现象，他认定这一电流是来自地球以外的一种穿透性极强的射线所产生的，于是取名为"宇宙射线"。

（2）天然放射性核素。

天然放射性核素是指地球形成的时候就存在于地球上的原生放射性核素，以及宇宙射线与大气、地表中的核素相互作用而生成的宇生放射性核素。

自地球形成后，天然放射性核素便广泛存在于自然环境中。空气、水、土壤、动植物，甚至是我们的体内，都含有一定量的天然放射性核

素。原生放射性核素可分为两类：一类是有衰变系列的核素，包括 3 个
天然放射系（钍系、铀系、锕系）；另一类是单次衰变的放射性核素，
如钾 40、铷 87 等。宇生放射性核素主要有氚、铍 7、碳 14、钠 22 等
20 余种。图 1–20 为铀 238 主要衰变系列示意图。

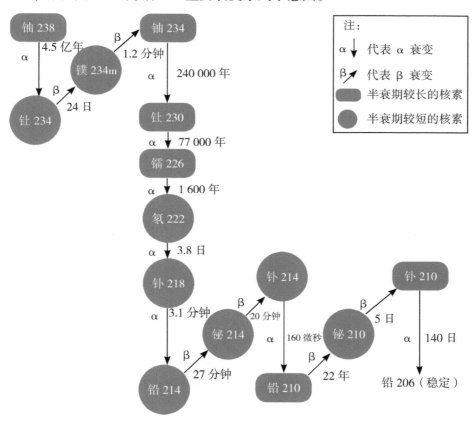

图 1–20　铀 238 主要衰变系列示意图

2. 人工辐射

（1）人工辐射的来源。

　　人工辐射是指自然界中本来不存在，通过人为活动产生或引起的放
射性辐射（见图 1–21）。人工辐射主要来自医疗照射、核设施运行、放
射性同位素应用和核事故等方面。尽管人工辐射对公众的照射远小于天

然辐射源的照射，但它却是长期以来公众关注的焦点。

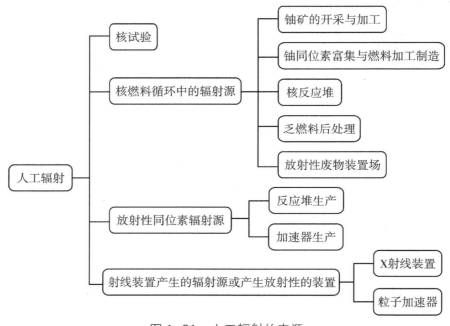

图 1-21　人工辐射的来源

（2）人工放射性核素。

人工放射性核素是指通过反应堆和加速器等人工手段生产出来的一类放射性核素。它们有的放出 β 射线，有的放出正电子，有的同时有 γ 射线相随放出，还有少量重元素的人工放射性核素放出 α 射线。人工放射性核素是在 1934 年约里奥－居里夫妇用 α 粒子轰击铝箔时最早发现的。在目前所知的大约 2000 种核素中，绝大多数是人工放射性核素。它们在科学研究和生产实践中起着重要作用，如核燃料钚 239 和常用的 γ 放射源钴 60、铯 137。

需要指出的是，天然辐射和人工辐射仅仅是用于区分辐射和放射性物质是天然存在的还是人工制造的。实际上，有些放射性物质既是天然存在的，也是可以人工制造的，比如应用加速器生产放射性同位素。

五、 辐射的类型

按照辐射能量的高低和电离物质的能力，辐射可分为两种类型：电离辐射和非电离辐射。

1. 电离辐射

电离辐射，也称核辐射，是原子核从一种结构或一种能量状态转变为另一种结构或另一种能量状态过程中所释放出来的微观粒子流（见图 1-22）。电离辐射按照粒子带电情况又可分为带电粒子辐射（如质子、电子、α 粒子等）和不带电粒子辐射（如光子、中子、X 射线）。电离辐射包括宇宙射线、X 射线和来自放射性物质的辐射。电离过程是辐射将能量转移到物质的过程，电离需要消耗能量，不同原子的电离需要不同的能量。电离辐射可以从原子、分子或其他束缚状态放出一个或几个电子，非电离辐射则不行。电离辐射的特点是波长短、频率高、能量高。

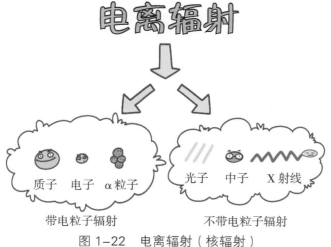

图 1-22 电离辐射（核辐射）

2.非电离辐射

非电离辐射是指无法使物质原子或分子产生电离的辐射，能量比较低，如紫外光、可见光、红外光、无线电波等。非电离辐射包括低能量的电磁辐射。

在放射生物学上，设置有一个截止能量值，约 10 eV（电子伏），认为高于此能量值的为电离辐射，低于此能量值的为非电离辐射。

 辐射的监测方式

辐射虽然看不见、摸不着，但是可以通过仪器设备来监测。例如，科技人员使用辐射仪、射气仪等仪器，通过测量放射性物质，获得它们的射线强度或射气强度。

监测方式包括地面测量、辐射采样、物理分析（见图 1–23 至图 1–25）。

图 1–23 监测人员进行表面放射性污染检测

图 1-24 监测人员在高压输变电下方测量电场强度

图 1-25 实验人员进行辐射采样分析

常用的辐射计量单位

常用的辐射计量单位有放射性活度、吸收剂量、有效剂量。

（1）放射性活度。

放射性活度表示放射性物质活度大小的量，单位是贝可勒尔（Bq），简称贝可。这是为了纪念100多年前首次发现天然放射性物质的法国科学家贝可勒尔。1贝可的定义是每秒钟有一个原子核发生核衰变。

（2）吸收剂量。

吸收剂量是最基本的剂量学的物理量，是指射线与物体发生相互作用时，单位质量的物体所吸收的辐射能量的度量。单位是戈瑞（Gy），简称戈。1戈瑞=1焦耳/千克。可以看出，吸收剂量是一个描述物质吸收辐射能量大小的量。

（3）有效剂量。

为了描述辐射所致机体健康危害的大小，定量地评价辐射照射有可能导致的风险大小，在辐射防护评价中，人为地引入了有效剂量的概念。有效剂量的单位是希沃特（Sv），简称希，是以瑞典著名的核物理学家希沃特的名字命名的。希沃特是个量值很大的单位，在实际应用中，通常使用毫希沃特（mSv）或微希沃特（μSv）。1希沃特=1000毫希沃特，1毫希沃特=1000微希沃特。普通公众每年受到天然本底辐射的有效剂量为2.4 mSv（世界平均值）。

第二章

核电

 核能

核能（也称原子能）是通过核反应从原子核中释放的能量。核能主要分为两类：①裂变能，即重元素（如铀、钍等）的原子核分裂时释放出的能量（见图2-1）。②聚变能，即轻元素（如氘、氚等）的原子核发生聚变反应时释放出的能量（见图2-2）。核能应用作为缓和世界能源危机的有效措施，具有体积小、能量大、污染少、安全性强等优点。核能既是一种不可再生能源，也是一种清洁能源。

图 2-1　核裂变反应示意图

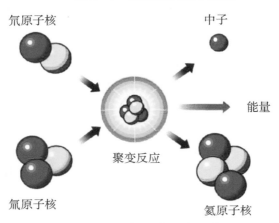

图 2-2　核聚变反应示意图

二、核电厂

　　核电厂（又称核电站）是一个发电厂，它是以核反应堆代替火电站的锅炉来发电的。核电厂的"锅炉"是核反应堆，或者说是"核锅炉"。核电厂就是利用核燃料在核反应堆中将核裂变产生的能量转变为电能。核电厂的系统和设备通常由两大部分组成，即核岛和常规岛。核岛是核电厂安全壳内的核反应堆及与反应堆有关的各个系统的统称，它的主要功能是利用核裂变能产生蒸汽。常规岛是指核电装置中汽轮发电机组及其配套设施和它们所在厂房的总称。常规岛的主要功能是将核岛产生的蒸汽的热能转换成蒸汽轮机的机械能，再通过发电机转换成电能（见图 2-3 ）。

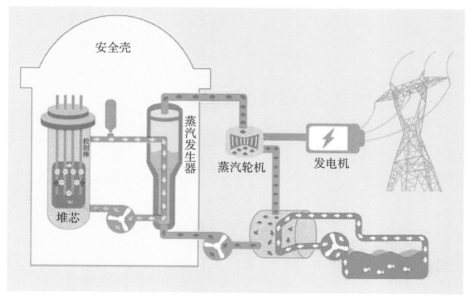

图 2-3　压水堆核电厂基本结构示意图

核电的原理

核电厂的燃料通常是铀。铀是一种重金属元素，它在自然界中存在3种同位素，即铀238（自然丰度99.275%）、铀235（自然丰度0.720%）、铀234（自然丰度0.005%）。铀235是唯一天然可裂变的核素，当原子核受到热中子轰击时，吸收一个中子后发生裂变，铀235原子核分裂成2个较轻的原子核，释放出能量，同时产生2～3个中子，并可引发链式核反应（见图2-4）。

核电厂需要的链式核裂变是可控的，即通过控制棒吸收多余的中子，以确保能量源源不断稳定地释放出来。

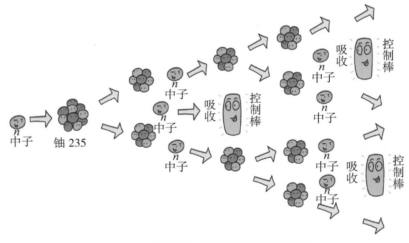

图 2-4 可控链式核裂变反应示意图

核电厂反应堆类型

根据核反应堆用的核燃料、冷却剂、慢化剂类型以及中子能量的大小，核电厂可分为以下几种类型：

1. 轻水堆

轻水堆采用普通水（轻水）作为冷却剂兼慢化剂。轻水堆在目前世界的核电厂中使用最多，占85%左右。轻水堆又分为沸水堆和压水堆。沸水堆中，水直接浸泡在堆芯中，沸腾后产生水蒸气推动汽轮机发电（见图2-5）；而在压水堆中，整个堆芯置于压力容器内，水在其中的间隙流过，当压强约为150 atm（atm为标准大气压）时，水温达300 ℃而不沸腾。同时，压水堆设计有两个回路，即核岛的主回路（又称一回路）和常规岛的二回路。两个回路相互独立，在蒸汽发生器内进行热交换，一回路的热量传导给二回路并产生蒸汽，蒸汽推动汽轮机发电。

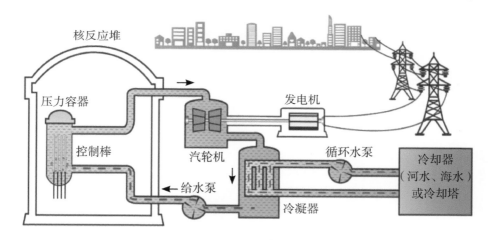

图 2-5　沸水堆基本结构示意图

2. 重水堆

重水堆采用重水（D_2O）作为冷却剂兼慢化剂。因为重水对中子的慢化性能好，吸收中子的概率小，所以重水堆可以直接采用天然铀作为燃料。重水堆在目前核电站堆型中的占比约为10%。

3. 气冷堆

气冷堆采用气体如二氧化碳（CO_2）、氦（He）作为冷却剂，石墨作为慢化剂。当前多以氦为冷却剂，可获得 800 ℃的高温热源。气冷堆在目前核电厂中的占比为 2%～3%。

4. 快中子增殖堆

快中子增殖堆，简称快堆。这种反应堆不需要慢化剂，可直接应用能量较大的快中子，采用天然铀为燃料。快堆的传热问题特别突出，通常得采用液态金属钠（Na）作为冷却剂。目前，快堆在核电厂中所占比例不到 1%。

五、核电厂和火电厂的区别

核电厂和火电厂的发电原理基本相同，它们的区别主要有以下几点：

1. 燃料不同

火电厂是依靠燃烧化石燃料（煤）释放的化学能制造蒸汽，而核电厂则依靠核燃料（浓缩天然铀或钚）的核裂变反应释放的核能来制造蒸汽。

2. 蒸汽供应系统不同

火电厂制造蒸汽的设备是蒸汽锅炉，而核电厂则依靠一个严格密封的核反应容器，把核反应释放的热能通过热交换器制造蒸汽，用核锅炉代替了蒸汽锅炉。

3. 成本不同

从消耗的成本来看，在一般情况下，核电厂的建设成本高于火电厂，但发电成本低于火电厂，尤其是燃料成本低于煤电（见表 2-1）。

表 2-1　火电厂和核电厂年消耗燃料对比

比较项目	100 万千瓦级火电厂	100 万千瓦级核电厂
年消耗燃料	200 万～ 300 万吨煤	20 ～ 30 吨核燃料
年运输燃料	36500 节火车皮	1 辆重型卡车

4. 环境影响不同

从对环境的影响来看，火电厂和核电厂在相同功率的情况下，二者对环境的影响不同（见表 2-2）。

表 2-2　100 万千瓦级电厂年排放物比较

电厂	二氧化碳	二氧化硫	氮氧化合物	灰尘	乏燃料
火电厂	600 万～700 万吨	5 万～10 万吨	2 万～3 万吨	2000 ～3000 吨	0
核电厂	0	0	0	0	20 ～ 30 吨

六、**核电的优势**

相比传统的火电厂，核电厂具有以下优势：

（1）使用煤炭等化石燃料发电会排放大量的二氧化硫、氮氧化合物等大气污染物质，核能发电在正常情况下不会造成空气污染（见图 2-6）。

（2）核能发电不会产生加重地球温室效应的二氧化碳。据统计，2020 年中国核电厂发电量为 3662.43 亿千瓦时，与燃煤发电相比，相当于减少二氧化碳排放约 2.74 亿吨。

（3）核燃料能量密度比化石燃料高，故核电厂所使用的燃料体积小，运输与储存方便。例如，1 座百万千瓦级的核电厂 1 年只需 30 吨的铀燃料，一辆重型卡车就可以完成运送。

（4）核能发电的成本中，燃料费用所占的比例较低，发电成本不易受到国际经济形势的影响，故发电成本较其他发电方式更为稳定。

图 2-6 核电的优点

七、核电厂的安全性

1. 会不会像原子弹那样发生爆炸

这个问题不必担心，根本没有这种可能性！尽管核能发电与原子弹爆炸的基本原理都是利用核裂变链式反应，而且均是使用铀235作为原料，但是两者使用目的不同，设计不同，结果也就大相径庭。具体原因如下：

（1）所用的铀235的浓缩度不同。以国内主流的压水堆核电厂为例，核电厂燃料中铀235的浓缩度一般不超过5%，而原子弹核装料中的铀235含量高达90%以上。

（2）工作机理不同。原子弹爆炸有非常严格的条件，它必须用高浓缩度的铀235或钚239作核装料，以一套精密复杂的系统引爆高能烈性炸药，利用其爆炸力在瞬间将易裂变物质压紧，压缩提高其密度，形成不可控的链式裂变反应，并瞬间产生大量能量，发生核爆炸。这种条件，在核电厂是不可能达到的。核电厂燃料是分散布置在反应堆内的，且有能控制核反应的控制棒随时工作。在任何情况下，都不可能像原子弹那样发生核爆炸。

核电厂即使不发生爆炸，放射性物质泄漏也是不允许的。核电厂对核燃料和放射性废物采用多重屏障与纵深防御措施。先进的压水堆核电厂将发生放射性大规模释放的事故风险概率降低到 $10^{-7} \sim 10^{-6}$ 次/堆年，而高温气冷堆核电厂将这个数值降低到零。核电工业历史上，每出一次事故，安全防护水平就提高了一次，可以说目前的核电厂安全水平已经比40年前建设的核电厂提高很多。

2. 能否防范恐怖袭击或飞机的撞击

我国现有核电厂都具有一定的防范恐怖袭击的能力，选址时就已要求排除有地震、燃烧、爆炸等风险的地域，在设计、建造过程中更是采取大量防止事故发生及缓解事故后果的安全措施，充分考虑了防范外部、内部事件破坏的可能性。例如，压水堆核电厂设置有多重屏障，可防止放射性物质外逸，特别是设置有厚实、坚固的圆筒形安全壳，而且由于安全壳穹顶外形为球面，飞弹或飞机较难击破。即使恐怖分子使用商业飞机攻击核电厂，核电厂向环境释放放射性物质的可能性也非常小。第三代核电厂的设计建造更加重视外界物体的撞击问题，在设计标准中考虑增加如双层安全壳等措施。

另外，核电厂还采取分区管理及严格的实体保卫措施（如对出入口和周围边界进行控制），由武警、电站保卫部门和保安负责，以防止恐怖分子的侵袭。总之，目前的核电厂对恐怖袭击具有较强的防范能力，当然也需要结合反恐的特点进一步提高安全性。

3. 中国核电站的安全程度

中国核电站的安全程度比日本福岛核电站更高。实际上，日本福岛核电站是20世纪60年代设计，1971年建成的老式核电站，其安全理念和防护措施介于切尔诺贝利核电站和中国压水堆核电站之间。由于日本福岛核电站缺乏外部厚实的安全壳，只有内部钢安全壳，其在极端情况下的安全防护措施存在一定问题，而且选址、备用电源等设计也欠缺妥善的考虑。

广东大亚湾核电站引进20世纪80年代的法国压水堆技术，既有内部钢密闭安全壳，又有外部混凝土防爆安全壳，构成了公众熟悉的核电站形象。

安全壳是坚固的 90 厘米厚的混凝土外墙，安全壳里面衬有防辐射金属材料，是核反应堆的最后一道防线，也是最重要的安全保障措施。切尔诺贝利核电站就是安全壳结构缺失的反例。

即使在最坏的情况下，压水堆核电站的反应堆机组核燃料棒熔化，彻底损毁，密闭的反应堆安全壳也能把绝大部分的放射性物质控制在安全壳内，对周围环境和人员基本没有影响。例如，美国三哩岛核事故，高温使反应堆内约 53% 的核燃料熔化，但放射性物质基本控制在安全壳内，周边居民的辐射受照量仅相当于一次 X 光拍片。

八、核电厂对公众的健康影响

核电厂对周围居民的健康与周边环境可能的影响主要体现在放射性物质的排放。放射性物质的排放是评价核电厂安全性的重要内容之一。我国规定了核电厂放射性物质的排放限值，核电厂要接受各级环保部门的严格监督。核电厂只有极少量的符合排放标准的放射性物质排出，不会对环境和周围居民造成危害。

在我国，核电厂周围通常会建立核电厂与地方两套辐射监测系统，实时监测周围生态环境的辐射水平，实时向公众发布核电厂周围生态环境监测结果。以安全稳定运行了 30 年的秦山核电基地为例，秦山地区历年环境监测结果表明，环境辐射剂量率仍处于本底涨落范围内，排放的放射性物质对周围公众造成的最大个人年有效剂量仅占国家限值的0.2%，"三废"排放量远远低于国家标准，核电厂运行以来对周围环境未产生可察觉影响。总而言之，从放射性废物排放水平、外围环境介质分析、当地公众的额外计量和当地公众死亡原因调查等多方面分析，核电厂在正常的运行工况下所产生的辐射剂量对人们不会造成任何危害。

全球核电发展现状

根据中国核能行业协会发布的《中国核能年度发展与展望（2020）》，截至 2019 年底，全球在运核电机组 443 台，总装机容量超过 3.92 亿千瓦，全球在建核电机组 54 台，总装机容量 5744 万千瓦，在运、在建核电机组分布在 34 个国家和地区。全球核电发展的重心正在从传统核电大国转向新兴经济体，越来越多的国家正在考虑或启动建造核电站的计划，有明确核电发展规划的国家有 37 个，有意向发展核电的国家有 26 个，发展核电的国家和地区越来越多。同时，核能技术创新越来越受到全球核电大国的重视。美国、俄罗斯等多个国家正在加快推广应用小堆技术，并将其列入本国核能发展战略。2020 年 4 月，美国能源部发布了《重塑美国核能竞争优势》报告，强调要重塑美国在世界核工业的领先优势和主导权。2020 年初，欧盟发布《可持续核能战略研究议程》，进一步强调核能技术研发。俄罗斯将小堆的优势体现在对基建的低要求和对偏远地区的适用性等方面，目前在核动力破冰船、浮动核电站等领域的技术全球领先。此外，美国、俄罗斯、法国等核电大国重点围绕海水取铀、耐事故燃料元件、第四代核能系统、聚变等领域抢占核能科技创新战略制高点。

全球核电机组运行反应堆中，压水堆、沸水堆和重水堆是 3 种主要的堆型。目前，中东、中亚等地区已经成为新的核电建设主要区域。未来全球核电建设的重点在发展中国家，尤其是中国、印度以及一些新兴经济体国家，如非洲、南美、中东、中亚等地区的一些国家。发达国家处于维持现有核电水平，主要是替代老旧核电机组，或增加新的核电机组（如英国）。

十、中国核电发展现状

1985 年，中国大陆开工建设第一座核电厂——秦山核电厂。1991 年，我国首台投产核电机组秦山核电站一号机组投入运营。经过 30 多年发展，中国核电实现了自主设计、建造和运营，进入安全高效发展的新阶段，在全球率先建设运行百万千瓦级非能动先进压水堆（AP1000）和欧洲先进压水堆（EPR）机组。自主研发"华龙一号"核电机组，设计安全水平居世界前列，示范工程建设高质量推进，成为核电走出去的"中国名片"。

"十三五"期间，我国核电自主创新能力显著增强，核电装备制造国产化和自主化能力不断提升，掌握了一批具有自主知识产权的核电关键设备制造技术。例如，"华龙一号"自主三代核电技术完成研发，大型先进压水堆及高温气冷堆核电站重大专项取得重大进展，小型堆、第四代核能技术、聚变堆的研发保持与国际同步水平。

根据中国核能行业协会于 2021 年 4 月发布的《中国核能发展报告 2021》蓝皮书，截至 2020 年 12 月底，中国大陆地区商运核电机组 48 台，总装机容量为 4988 万千瓦，仅次于美国、法国，位列全球第三，核电总装机容量占全国电力装机总量的 2.7%。在建核电机组 11 台，居世界第一。

据统计，2020 年我国核能发电量为 3662.43 亿千瓦时，同比增长 5.2%，约占全国累计发电量的 4.80%（见图 2-7、图 2-8）。与燃煤发电相比，2020 年我国核能发电相当于减少燃烧标准煤 10474.19 万吨，减少排放二氧化碳 27442.28 万吨，减少排放二氧化硫 89.03 万吨，减少排放氮氧化物 77.51 万吨。近 10 年来，核电发电量持续增长，为保障电力供应安全和节能减排做出了重要贡献。

图 2-7　2010—2020 年中国历年核电发电量

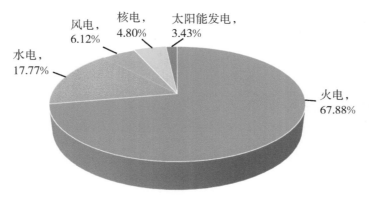

图 2-8　2020 年中国各类电源发电量占比图

十一、广西核电发展现状

根据国家《能源发展"十三五"规划》，广西以安全稳妥发展核电为原则，目前广西的在运核电站为防城港红沙核电站。防城港红沙核电站位于广西防城港市企沙半岛东侧，是我国西部地区和少数民族地区开工建设的首个核电项目。

防城港红沙核电基地规划建设 6 台百万千瓦级核电机组，一期工程规划建设 2 台单机容量为 108 万千瓦的 CPR1000 压水堆核电机组。其中，

1 号机组于 2010 年 7 月 30 日正式开工建设，2015 年 10 月 25 日并网发电，2016 年 1 月 1 日正式投入商业运行；2 号机组于 2016 年 10 月 1 日投入商业运行。据测算，防城港红沙核电一期工程建成后每年可为北部湾经济区提供 150 亿千瓦时安全、清洁、经济的电力。与同等规模的燃煤电站相比，每年可减少标准煤消耗 482 万吨，减少二氧化碳排放量约 1186 万吨，减少二氧化硫和氮氧化物排放约 19 万吨，环保效益相当于新增了 3.25 万公顷森林。

防城港红沙核电二期工程采用具有我国自主知识产权的三代核电技术——华龙一号，其中，3 号机组已于 2015 年 12 月 24 日正式开工建设，4 号机组于 2016 年 12 月 23 日正式开工建设。防城港红沙核电二期将作为英国布拉德韦尔 B（BRB）核电项目的参考电站，成为我国核电"走出去"战略的桥头堡。

广西防城港红沙核电项目是广西能源发展史上重要的里程碑。广西首座核电站的建设与运营，不仅可以改善广西能源结构，增强电力保障能力，而且对优化广西经济结构，保持广西经济平稳较快发展，促进各民族共同发展、共同繁荣，建设资源节约型、环境友好型社会，具有重要的现实与长远意义。

十二、中国"人造太阳"

众所周知，地球万物生长所依赖的光和热，都源于太阳核聚变反应后释放的能量，而支撑这种聚变反应的燃料氘，在地球上的储量极其丰富，足够人类利用上百亿年。如果能够利用氘制造一个"人造太阳"来发电，人类则有望彻底实现能源自由。"人造太阳"又称全超导托卡马克核聚变实验装置（EAST），它是一个同时承载大电流、强磁场、超高温、超低温、高真空、高绝缘等复杂环境的装置（见图2-9）。20世纪中叶人类开始核聚变能源研究，20世纪70年代中国科学院成立了研究托卡马克的课题组，并在合肥等地开展了相关研究。

2021年5月，中国科学院合肥物质科学研究院研制的"人造太阳"创造了新的世界纪录，成功实现可重复的1.2亿摄氏度101秒和1.6亿摄氏度20秒等离子体运行，将1亿摄氏度20秒的原纪录延长至5倍。科研人员称新纪录进一步证明核聚变能源的可行性，也为迈向商用奠定了物理和工程基础。

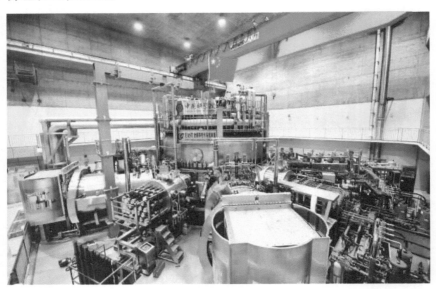

图2-9　全超导托卡马克核聚变实验装置（EAST）

第三章

铀矿冶及伴生放射性矿

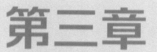

一 铀的主要用途

铀是一种银白色金属元素，是实现核裂变反应的主要元素，是核工业的基础。铀有 3 种同位素（原子核质子数相同但中子数不同），分别是铀 234、铀 235 和铀 238。其中，只有铀 235 才能用于核裂变反应，才能作为核武器和核燃料，如原子弹、核动力潜艇、核动力航空母舰、核电站等（见图 3-1）。由于天然铀中铀 238 的存储量占绝对优势，因此天然铀必须加工成高浓度的铀 235 浓缩铀。获取浓缩铀后剩余的铀，被称为贫铀，铀 235 含量更低。贫铀（含铀 238）可用作钢材添加剂制造贫铀弹和装甲。铀在民用上主要用作核电厂以及各种科研、试验反应堆的燃料。

（a）投掷在日本广岛的"小男孩"原子弹

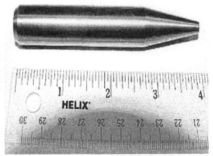

（b）9 厘米贫铀穿甲弹

（c）核动力航空母舰"企业号"

（d）防城港核电厂（3D 效果图）

图 3-1　铀的用途

二、铀矿的开采和冶炼

铀主要从铀矿石中提取（见图 3-2）。天然铀中铀 235 的含量很低，仅占 0.72%；绝大部分是铀 238，占 99.27%。从铀矿石中提取、浓缩和纯化精制天然铀产品的过程，称为铀矿冶，目的是将具有工业品位的矿石，加工成有一定质量要求的固态铀化学浓缩物，以作为铀化工的原料（见图 3-3）。在铀矿冶中，由于天然铀矿铀含量低、杂质含量高，需经多次形态改变，不断进行铀化合物的浓缩与纯化。

图 3-2　新中国发现的第一块铀矿石
（中国核工业的开业之石，1954 年 10 月发现于广西钟山县花山乡三叉村法卡山）

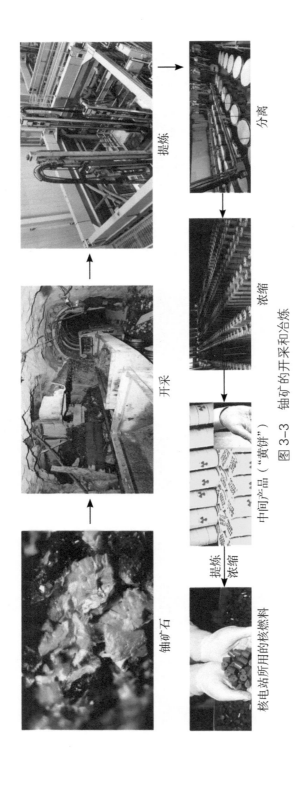

铀矿石　开采　提炼　分离　浓缩

提炼浓缩　中间产品（"黄饼"）　核电站所用的核燃料

图 3-3　铀矿的开采和冶炼

三、伴生放射性矿的开发利用

伴生放射性矿是指除铀矿以外的其他含有较高水平的天然放射性核素的矿。比较常见的伴生放射性矿有稀土矿、钽铌矿、锆英矿、磷酸盐矿等（见图 3-4、图 3-5），但不是这些矿种的所有矿都是伴生放射性矿，是否为伴生放射性矿需要根据具体的矿产资源开发利用放射性监测结果来确定。

图 3-4 稀土矿和钽铌矿

图 3-5 锆英砂和钛铁矿

稀土或称稀土元素，是元素周期表中第 III 族之钪、钇和镧系元素共 17 种金属化学元素的合称，皆属于副族元素。稀土是典型的伴生放射性矿，自然界中有 200 多种稀土矿。稀土矿开采冶炼主要过程见图 3-6。

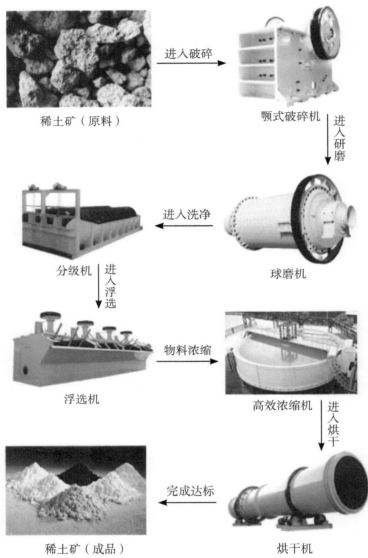

稀土矿（原料）　　进入破碎　　颚式破碎机

进入研磨

分级机　　进入洗净　　球磨机

进入浮选

浮选机　　物料浓缩　　高效浓缩机

进入烘干

稀土矿（成品）　　完成达标　　烘干机

图 3-6　稀土矿开采冶炼主要过程

四、伴生放射性矿辐射环境安全管理

伴生放射性矿产资源在开采、选冶、加工的过程中，天然放射性核素可能在最终产品、中间产品、尾矿、尾渣，以及废气、废水中富集，并可随着废气、废水、废渣进入生态环境后在大气、水体、土壤中迁移，从而对生态环境和人体健康产生一定的放射性影响（见图3-7）。

稀土矿　　　工厂　　　自然环境

产品家居　　　自然环境

人体　　　饮用水生产

图 3-7　天然放射性核素的迁移

例如，含有放射性核素的废气、废水、废渣流入环境，会引起环境放射性水平提高；一些含有较高含量的放射性核素废渣用作建筑材料，会导致房屋内氡的浓度升高，对公众的健康造成影响。

"谁污染，谁负责"是环境保护和污染防治的基本原则，流出物和辐射环境监测是企业主体责任的直接体现。开展放射性流出物和辐射环境监测是保证放射性物质达标排放、确保辐射环境安全的重要手段。《中华人民共和国环境保护法》规定，企事业单位应采取措施，防治包括放射性物质在内的污染物对环境的污染和危害，重点排污单位应当按照国家有关规定和监测规范安装使用监测设备。

总之，从事矿产资源开发利用活动的企业应承担起放射性污染防治的主体责任，各级环境保护主管部门要加强辐射安全监管，确保辐射环境安全，从而实现控制人为活动引起的天然放射性水平提高、保护环境和人类健康的目标。

第四章

核技术的应用

核技术在医疗、工业、农业、科研等领域有广泛的应用（见图 4-1）。

核技术应用种类主要有密封放射源、非密封放射性物质、射线装置三种（见图 4-2）。

（a）医学检查　　　　　　　　（b）辐照灭菌

这块化石的年代和成分全知道了！

（c）考古　　　　　　　　（d）地质勘探

图 4-1　核技术主要应用领域

密封放射源　　非密封放射性物质　　射线装置

图 4-2　核技术应用种类

一、密封放射源和非密封放射性物质工作场所管理

1. 密封放射源分类

密封放射源是密封在包壳里的或紧密固结在覆盖层里并呈固体形态的放射性物质。密封放射源的包壳或覆盖层应具有足够的强度，使放射源在设计使用条件和磨损条件下，以及在预计的事件条件下，均能保持密封性能，不会有放射性物质泄漏出来。

由于放射性物质对人体具有一定的危害性，国家按照对人体健康和环境的潜在危害程度将密封放射性源分五类进行管理。

在没有防护情况下，接触放射源的风险程度如下：

（1）Ⅰ类放射源为极高危险源，接触几分钟至 1 小时就可致人死亡（见图 4-3）。

图 4-3 Ⅰ类放射源（极高危险源）

（2）Ⅱ类放射源为高危险源，接触几小时至几天可致人死亡（见图 4-4）。

图 4-4 Ⅱ类放射源（高危险源）

（3）Ⅲ类放射源为危险源，接触几小时就可对人造成永久性损伤，接触几天至几周也可致人死亡（见图4-5）。

图4-5　Ⅲ类放射源（危险源）

（4）Ⅳ类放射源为低危险源，基本不会对人造成永久性损伤，但长时间、近距离接触可能会造成可恢复的临时性损伤（见图4-6）。

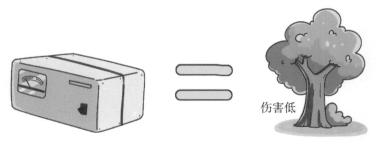

伤害低

图4-6　Ⅳ类放射源（低危险源）

（5）Ⅴ类放射源为极低危险源，不会对人造成永久性损伤（见图4-7）。

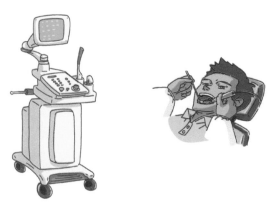

图4-7　Ⅴ类放射源（极低危险源）

2. 非密封放射性物质工作场所分级

非密封放射源通常没有被容器密封起来，多以液态、气态、粉末状存在。使用这种放射源的工作场所称为非密封放射性物质工作场所。

对生产、使用非密封放射性物质的工作场所，综合考虑放射性物质的毒性和日最大使用量，按潜在风险从高到低依次分为甲级、乙级、丙级。

甲级非密封放射性物质工作场所的安全管理参照 I 类放射源（见图 4-8）。乙级和丙级非密封放射性物质工作场所的安全管理参照 II、III 类放射源（见图 4-9）。

图 4-8　甲级非密封放射性物质工作场所

图 4-9　乙级和丙级非密封放射性物质工作场所

二、射线装置分类管理

射线装置是指 X 线机、加速器、中子发生器以及含放射源的装置。

根据射线装置对人体健康和环境的潜在危害程度，从高到低将射线装置分为 I 类、II 类、III 类。

（1）I 类射线装置：事故时短时间照射可以使受到照射的人员产生严重放射损伤，其安全与防护要求高（见图 4-10）。

（2）II 类射线装置：事故时可以使受到照射的人员产生较严重放射损伤，其安全与防护要求较高（见图 4-11）。

（3）III 类射线装置：事故时一般不会使受到照射的人员产生放射损伤，其安全与防护要求相对简单（见图 4-12）。

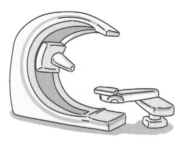

图 4-10　I 类射线装置（质子治疗器）

图 4-11　II 类射线装置（X 射线治疗机）

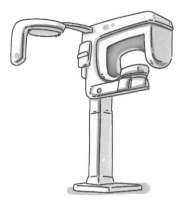

图 4-12　Ⅲ类射线装置（口腔 X 射线装置）

常用的射线装置按照用途可分为医用射线装置和非医用射线装置（见表 4-1）。

表 4-1　射线装置分类表

装置类别	医用射线装置	非医用射线装置
Ⅰ类射线装置	质子治疗装置	生产放射性同位素用加速器［不含制备正电子发射计算机断层显像装置（PET）放射性药物的加速器］
	重离子治疗装置	粒子能量大于等于 100 兆电子伏的非医用加速器
	其他粒子能量大于等于 100 兆电子伏的医用加速器	/
Ⅱ类射线装置	粒子能量小于 100 兆电子伏的医用加速器	粒子能量小于 100 兆电子伏的非医用加速器
	制备正电子发射计算机断层显像装置（PET）放射性药物的加速器	工业辐照用加速器
	X 射线治疗机（深部、浅部）	工业探伤用加速器
	术中放射治疗装置	安全检查用加速器
	血管造影用 X 射线装置	车辆检查用 X 射线装置
	/	工业用 X 射线计算机断层扫描（CT）装置
	/	工业用 X 射线探伤装置
	/	中子发生器

续表

装置类别	医用射线装置	非医用射线装置
III 类射线装置	医用 X 射线计算机断层扫描（CT）装置	人体安全检查用 X 射线装置
	医用诊断 X 射线装置	X 射线行李包检查装置
	口腔（牙科）X 射线装置	X 射线衍射仪
	放射治疗模拟定位装置	X 射线荧光仪
	X 射线血液辐照仪	其他各类 X 射线检测装置（测厚、称重、测孔径、测密度等）
	/	离子注（植）入装置
	/	兽用 X 射线装置
	/	电子束焊机
	其他不能被豁免的 X 射线装置	

三、电离辐射的标志和警告标志

核技术应用过程中的放射性物质和射线装置会产生使电子可以挣脱原子核束缚离开原子（即电离）的射线。这种射线和其他物质相互作用时，会破坏物质的化学键使电子电离。例如，电离辐射的射线会对生物组织器官造成一定的伤害。在核技术应用场所应按要求放置电离辐射警告标志，以防止人员遭受意外的电离辐射照射，保护人体健康（见图 4–13）。

当心电离辐射

图 4–13　电离辐射标志和电离辐射警告标志

　　非专门从事核技术应用的工作人员看到电离辐射标志要当心电离辐射的风险，应尽量远离。见到被丢弃的带有电离辐射警示标志的物品要尽量远离，不要捡拾，并迅速报告生态环境、卫生、公安等部门（见图4-14）。

图 4-14　远离危险放射物

核技术在医疗行业中的典型应用

　　核技术在医学上主要用于检查、诊断、治疗（见图4-15）。临床上许多疾病都可通过放射检查来确诊或辅助诊断。

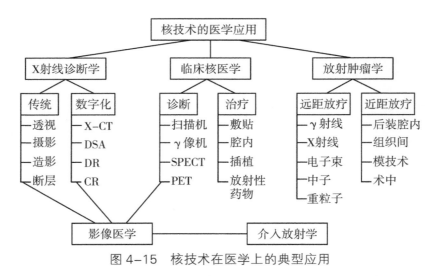

图 4-15 核技术在医学上的典型应用

注：X-CT 即 X 射线计算机体层成像；DSA 即数字减影血管造影；DR 即数字 X 射线摄影；CR 即计算机 X 射线摄影；SPECT 即单光子发射计算机体层显像仪；PET 即正电子发射体层仪。

1. 射线装置用于医学的放射检查、诊断、治疗

X 射线透过人体时，会被人体不同部位不同深度的器官组织吸收而导致不同程度的衰减。医学上的射线装置检查设备主要是通过获取 X 射线穿透人体组织器官后的射线衰减程度，利用数字技术重构展现特定的组织器官部位的医学图像，从而发现和诊断组织器官的病变情况。

医院的射线装置常见于放射科，常用的设备有 X 射线拍片机、计算机 X 射线摄影（CR）、数字 X 射线摄影（DR）、X 射线计算机体层成像（CT）、数字减影血管造影（DSA）等。

（1）数字 X 射线摄影（DR）。

DR（Digital Radiography）是利用电子技术，将穿过人体组织器官后的 X 射线作用到数字式探测器上，而不是直接作用于胶片，通过探测器接收 X 射线信息并转换为数字化信号，获得 X 射线衰减信息，经

数字技术处理后重建成数字图像（见图4-16）。主要对胸部、四肢、盆腔、头颅及腰椎等部位做X射线数字摄影检查（见图4-17）。

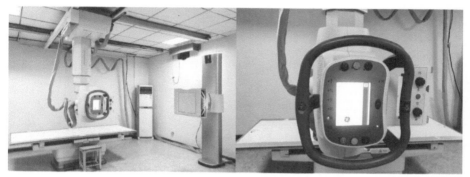

图4-16　数字化X射线摄影系统（DR）

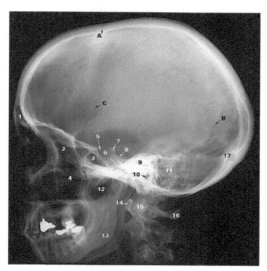

图4-17　头颅侧位X线片（DR）

（2）X射线计算机体层成像（CT）。

CT（Computed Tomography），与DR只从一个方向扫描不同，它是从不同角度进行扫描以获取多个X射线测量值，通过计算机处理组合来生成组织的横截面（断层）影像和重建组织器官的三维放射医学影像，无须切割即可看到物体内部（见图4-18、图4-19、图4-20）。

由于CT技术对人类医疗的重大作用，以及计算机辅助层析成像技术的发展，南非裔美国物理学家 Allan M. Cormack 和英国电气工程师 Godfrey N. Hounsfield 共同获得 1979 年的诺贝尔生理学或医学奖。

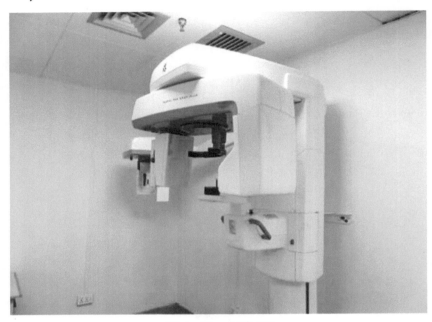

图 4-18　口腔 CT

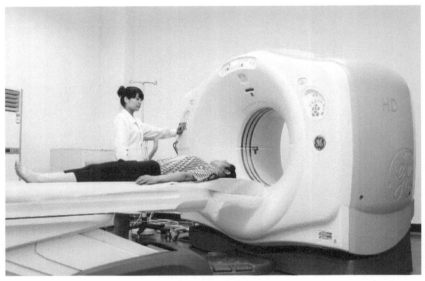

图 4-19　多层螺旋 CT

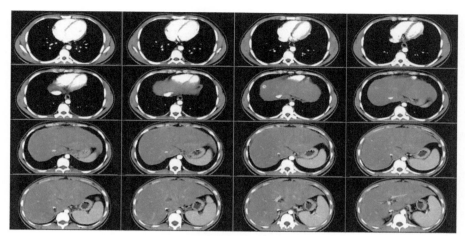

图 4-20　CT 扫描获得肝脏不同断层的图像

（3）数字减影血管造影（DSA）。

DSA（Digital Subtraction Angiography）是先拍摄受检部位注入造影剂前后两帧 X 射线图像，再由计算机将两幅图像的信息相减，通过减影、增强和再成像过程来获得清晰的纯血管影像，从而实时显现血管影像（见图 4-21）。DSA 由于没有骨骼与软组织影的重叠，使血管及其病变部位显示更为清楚，是目前介入手术特别是血管内介入手术非常重要的技术。

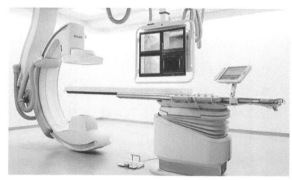 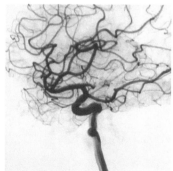

4-21　C 型臂 DSA 血管造影成像

（4）医用电子直线加速器。

医用电子直线加速器是一种产生高能电子束的装置，该装置利用电场把电子加速到接近光速，然后利用高速电子轰击靶产生 X 射线，或直接把电子引出，用于治疗肿瘤，常见于医院放疗科。

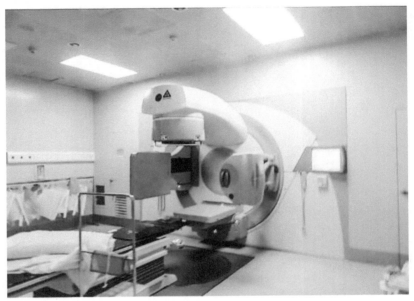

图 4-22　医用电子直线加速器

2. 密封放射源的医学应用

（1）伽马刀。

伽马刀采用伽马射线几何聚焦方式，通过精确的立体定向，将经过规划的一定剂量的多条伽马射线（可达上百条）从不同角度聚焦于体内的预选靶点，靶点组织受到高剂量照射而产生局灶性坏死或功能改变，最终达到治疗疾病的目的（见图 4-23）。病灶周围的正常组织在靶点以外，仅受单束伽马射线照射，辐射能量很低，可免于损伤或损伤很小（见图 4-24）。这与外科手术切除或损毁的效果非常类似，所以被形象地称为"伽马刀"。

伽马刀的半球形中央体内放置了多个钴源，每个源体长 20 mm，直径 1 mm。

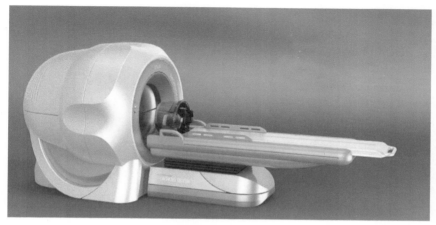

图 4-23 伽马刀

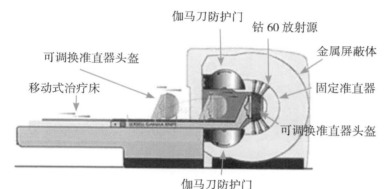

图 4-24 伽马刀原理示意图

（2）后装治疗。

后装治疗是一种近距离放射治疗方法，通过将放射源放置于需要治疗的癌变肿瘤部位或附近进行医学治疗。治疗时先将不带放射源的治疗容器（施源器）置于治疗部位，然后在安全防护条件下，用遥控装置将放射源通过导管送到患者体腔的施源器内进行放射治疗（见图 4-25）。由于放射源是后来装上去的，故称为"后装"。现在的远程后装治疗系统可以将放射源安放在带屏蔽的保险罐中，为后装操作人员提供辐射防护。

近距离后装治疗的特点是照射只影响到放射源周围十分有限的区

域，可减少距离放射源较远的正常组织受到的照射量（见图 4-26）。目前，被广泛应用于宫颈癌、乳腺癌和皮肤癌的治疗。

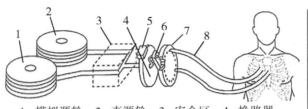

1- 模拟源轮；2- 真源轮；3- 安全区；4- 换路器；
5- 编码；6- 换路导管；7- 接盘器；8- 施源器

图 4-25 后装机原理示意图　　　图 4-26 后装治疗机

（3）锶 90 皮肤敷贴器。

锶 90 制成的皮肤敷贴器能释放出 0.53 兆电子伏的 β 射线，穿透力弱，容易被人体表面皮肤吸收，在医学上作用于血管瘤内皮细胞使其产生电离，从而使血管瘤吸收，血管瘤组织微血管逐渐乳化、凝固、收缩，增生组织细胞分裂速度降低、停止，最后消失。锶 90 还广泛应用于瘢痕疙瘩、较局限的慢性湿疹、牛皮癣、神经性皮炎等疾病的治疗，同样具有较好的效果。

图 4-27 锶 90 皮肤敷贴器

治疗时通常先用橡皮片或医用胶布屏蔽血管瘤周围的正常皮肤，以保护正常皮肤免受照射。

3. 非密封放射性物质在医学中的应用

医院核医学科主要利用标记有放射性核素的药物，开展影像与功能诊断、标记免疫分析、放射性核素治疗及核医学肿瘤检查等，是现代医学的主要手段之一。

（1）碘 131 用于治疗甲亢、甲癌。

甲状腺细胞对碘化物具有特殊的亲和力，能大量吸收口服的放射性碘 131。碘 131 在衰变时放射出 β 射线的有效射程为 0.5 ～ 2 毫米，能选择性地破坏甲状腺腺泡上皮而不影响邻近组织，可靶向杀死甲状腺肿瘤细胞和甲状腺细胞，因此常被用于甲状腺癌的放疗和甲亢的治疗（见图 4-28）。甲状腺组织受到长时间的集中照射，其腺体被破坏后逐渐坏死，代之以无功能的结缔组织，从而降低甲状腺的分泌功能，使甲亢得以治愈，达到类似甲状腺次全切除手术的目的。因此，有人称碘 131 治疗甲亢为"内科甲状腺手术"。碘化钠口服液及其贮存铅罐见图 4-29。

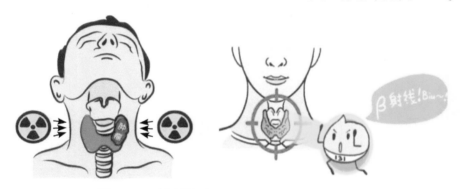

图 4-28　放射性碘 131 治疗甲癌、甲亢示意图

图 4-29　碘化钠口服溶液及其贮存铅罐

（2）^{99}Mo-^{99m}Tc 发生器应用。

^{99m}Tc 是 Tc 的一种同位素，半衰期 6.02 小时，可发出纯伽马射线，单一能量 141 千电子伏，制备容易。^{99m}Tc 可标记多种 SPECT 显像药物，广泛应用于脑、甲状腺、肺、心、肝、胆、脾、肾、骨、骨髓等的扫描显像和功能检查，是核医学中用得最多的放射性核素。医院制备 ^{99m}Tc 最常用的装备是钼锝发生器。

将 ^{98}Mo 置于反应堆中照射，生成 ^{99}Mo（半衰期 66 小时），将钼酸盐吸附在氧化铝柱上，制成 ^{99}Mo-^{99m}Tc 发生器后分送到各医院。待 ^{99}Mo-^{99m}Tc 达到衰变平衡后，把柱中的子体核素 ^{99m}Tc 定时用生理盐水洗脱下来，就得到 ^{99m}Tc 的高锝酸盐溶液，进一步处理后加上与不同组织具有亲和力的各种特异性配体，就得到了多种临床应用的显像剂（见图 4-30）。因此，放射性核素发生器被形象地称为母牛，而洗脱子体放射性核素的过程就像是给母牛挤奶一样。

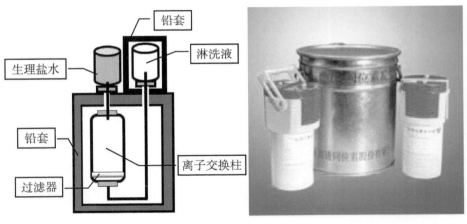

图 4-30　^{99}Mo-^{99m}Tc 发生器示意图及实物图

（3）碘 125 放射免疫分析。

放射免疫分析，又称为放射免疫分析法、放射免疫测定或放射免疫测定法，简称放免或放免法，是一种在无须采用生物测定方法的情况下，用于检测抗原（如血清中激素的水平）的实验室测定方法。常用的放射性核素是碘 125。

五、核技术在工业中的应用

1. 核子秤

核子秤是利用射线穿过被测物质前后的衰减量，计算得出物料流量及累计量，主要用于各种散装固态物料的在线连续计量及配料控制（见图 4-31）。核子秤广泛应用于水泥、煤炭、炼焦、钢铁、矿山、发电、化工、食品等行业，在广西典型的应用是制糖行业。

图 4-31 核子秤

2.X 射线测厚仪

X 射线测厚仪是一种非接触性测厚仪，它是利用射线在穿透被测材料后，根据射线强度的衰减量来测定被测材料的厚度（见图 4-32）。

图 4-32 X 射线测厚仪

3. 核密度计

核密度计主要应用在极端条件下（高温、高压或真空、腐蚀、磨损、高黏度、剧毒介质）的管道或容器中的液体、悬浊液、散状物料、气载固体和污泥的密度（或浓度）的连续在线非接触式测量（见图 4-33）。它是利用射线穿过物质时的衰减量来确定被测物质的密度或浓度。

图 4-33 应用在管道上的核密度计

4. 核料位计

核料位计是一种放射性同位素仪表，它是利用射线与物质相互作用时，射线强度的衰减遵循指数规律来测量容器或管道中的物料位置的一种仪器（见图4-34）。

密封放射源

图4-34　生产中使用的核料位计

5. 辐照加工（辐照装置）

辐照装置主要用于医疗用品和卫生材料的辐射灭菌消毒，中成药、中草药、皮革、羊毛等产品的杀虫灭菌，食品、蔬菜、水果的辐射保鲜及化工材料的辐照改性等。根据辐照装置的设计及放射源的贮存方法，可将辐照装置分为以下三类：

第一类是自屏蔽式干法贮源辐照装置，其特点是放射源完全密封在固体材料制造的干式容器中，人不能进入密封源辐照空间（见图4-35）。

图 4-35　自屏蔽式干法贮源辐照装置

　　第二类是固定源室干法贮源辐照装置，受控人员可进入辐照设施。放射源密封于容器中，不使用时处于屏蔽状态。照射是在辐照室中进行，辐照室入口用控制系统保证在照射时人员不能进入（见图 4-36）。

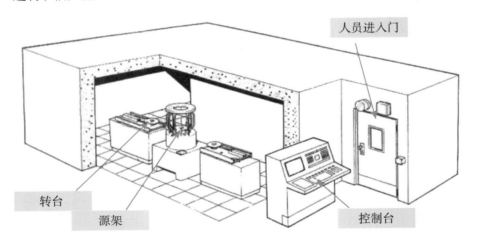

图 4-36　固定源室干法贮源辐照装置

　　第三类是固定源室湿法贮源辐照装置，放射源密封于容器中，并存放在一个注满水的贮源井中，不使用时放射源位于贮源井底，用水进行辐射屏蔽，照射时将放射源提升到辐照室中进行。辐照室入口用控制系统保证在照射时人员不能进入（见图4-37）。

图4-37　固定源室湿法贮源辐照装置

6. 可控中子活化在线物料分析仪（中子源）

可控中子活化在线物料分析仪主要应用于水泥、矿产、煤炭和火电等行业，可对在线物料进行分析（见图4-38）。其利用中子管产生的热中子照射物料，物料中的某些核素俘获中子后产生 γ 射线，通过对 γ 射线进行分析，从而对物料进行元素测量，具有实时一次性分析多种核素等特点。

图4-38　生产中使用的可控中子活化在线物料分析仪

7. X 射线满箱检测仪

X 射线满箱检测仪主要用于食品、饮料和药品的灌装和包装生产线，利用 X 射线透照摄影原理、图像识别、图像处理等技术对不同类型的箱子或瓶子进行空瓶和满瓶检测（见图 4-39）。

图 4-39　X 射线满箱检测仪

8. 工业探伤机

射线探伤是根据被检工件与其内部缺陷介质对射线能量衰减程度不同，而引起射线透过工件后的强度差异，使缺陷能在射线底片或 X 光显示器屏幕上显示出来的一种方法。工业上常用的探伤机有 X 射线探伤机和 γ 射线探伤机，主要用于检查船体、管道、高压容器、锅炉等材料及零部件加工焊接质量（见图 4-40）。γ 射线探伤机用 γ 源作为射线发生装置。X 射线探伤机是通过高压启动 X 射线发生器产生射线，其射线能量可通过电压调节，断电后不会产生射线。

图 4-40　便携式 X 射线探伤机及 γ 射线探伤机

 核技术在农业中的应用

1. 辐射育种

辐射育种是利用各种射线（如 X 射线、中子等）照射农作物的种子、植株或某些器官和组织，促使它们产生各种变异，再从中选择需要的、优良的可遗传变异，培育成新的优良品种。我国辐射育种研究起步于 1958 年，虽然起步晚但辐射育种成绩斐然，先后有 18 个品种获国家发明奖，如鲁棉一号、水稻原丰早、小麦山农辐 63 等（见图 4-41）。

图 4-41　辐射育种

2. 辐照杀菌

辐照杀菌是利用射线（包括 X 射线、γ 射线和加速电子束等）的辐照来杀灭有害细菌和昆虫的一项技术，主要用于食品生产、临床医学、组织培养、制药等领域。

七、核技术在其他领域中的应用

1. 地质勘探

放射性测井技术主要是根据岩石及其孔隙流体的放射性物理性质，研究井的地质剖面，勘探石油、天然气、煤及金属、非金属矿藏，研究石油地质、油井工程和油田开发的地球物理方法。根据放射源、测量的放射性类型或演示的物理性质的不同，可将核测井方法分为四类：γ 测井、中子测井、放射性核素示踪测井及核成像测井。

2. 考古年代测定

核技术在考古研究中的主要应用是测定年代。常用的方法有碳 14 测定年代法和热释光测定年代法。

生物在生存的时候，由于需要呼吸，其体内的碳 14 含量大致不变，而当生物死亡后，新陈代谢停止，体内的碳 14 含量会不断衰变减少，因此体内碳 14 和碳 12 含量的相对比值相应不断减小。碳 14 半衰期为 5730 年，而碳 12 为稳定同位素，因此通过对生物体出土化石中碳 14 和碳 12 含量的测定，就可以准确算出生物体死亡（即生存）的年代。美国放射化学家 W. F. 利比因发明了放射性测年代的方法，为考古学做出了杰出贡献而荣获 1960 年诺贝尔化学奖。

陶瓷中含有的放射性物质主要是铀、钍系列核素和钾 40，以及适量的磷光物质石英等晶体，它们的半衰期很长（大于 10^9 年），故而将它们视为能每年提供大小恒定的固定照射剂量的放射源。陶器中的矿物晶体如石英、长石、方解石等的晶格缺陷受到上述放射性核素发出的 α、β 和 γ 射线照射时，会产生自由电子，这些电子常被俘获而积聚起来。陶器烧制过程中会释放这些电子，烧制完成后又开始不断吸收贮存这些放射性核素产生的辐射，因此吸收的辐射大小可以作为识别陶器年龄的标志。通过测定陶瓷热释光的大小就可以推断陶瓷的烧制年代。

3. 分析元素成分和含量

核技术还常用于分析元素成分和含量，常见的有离子束分析法，包括质子、光子和 γ 射线激发的 X 射线荧光分析法、背散射分析及次级离子质谱法、中子活化分析法。

核技术在日常生活中的应用

1.X 射线安检机

X 射线安检机是一种借助输送带将待检查行李送入 X 射线检查通道而完成检查的电子设备。它使用两组探测器，分别发出高能量与低能量的信号，通过计算机将这两组信号进行分析，可比较准确地识别被测物体的材质，进而对其进行不同颜色的标识，即可反映行李内的物品情况（见图 4-42）。

图 4-42　X 射线安检机

2. 烟雾报警器

　　烟雾报警器内有一个电离室，电离室内置一枚活度极小的能放出 α 粒子的镅 241 放射源（活度约 0.8 微居里），正常状态下处于电场的平衡状态（见图 4-43）。当有烟尘进入电离室会破坏这种平衡关系，报警电路检测到浓度超过设定的阈值时会发出警报。

活度很小的放射源

图 4-43　烟雾报警器

第五章
电磁环境

我们周边存在的电磁辐射源

电场和磁场的交互变化产生电磁波，而电磁波向空中发射或传播的现象，叫作电磁辐射。电磁辐射是由空间共同移送的电能量和磁能量所组成，而该能量是由电荷移动所产生的。例如，正在发射信号的射频天线所发出的移动电荷会产生电磁能量。

电磁辐射源按照来源可分为天然电磁辐射源和人工电磁辐射源两类。

天然电磁辐射源来源于火山爆发、地震、雷电等地球自然现象，以及紫外线、可见光、红外线等星际电磁辐射。

人工电磁辐射源主要有以下 6 类：

（1）广播电视发射设备。

（2）通信、雷达及导航发射设备。

（3）工业、科研、医疗高频电磁设备。

（4）电力系统电场、磁场。

（5）交通系统电磁辐射干扰。

（6）家用电器。

常见电磁波频段（3 kHz ～ 300 GHz）的划分及用途见表 5-1。

日常生活中利用到的无线电波、微波等电磁波，处于电磁波谱中频率相对低、波长相对长的一端，它们的光子能量比较低，并不能使物质原子或分子产生电离，所以这些电磁波产生的电磁辐射属于非电离辐射。与这些常见的电磁波相比，X 射线和 γ 射线则具有更高的频率，X 射线的频率超过 3×10^{16} Hz，γ 射线更是超过 3×10^{20} Hz，这些射线携带的高能量足以破坏分子化学键，能够使物质电离，产生电离辐射。

表 5-1 电磁波频段的划分及用途

频段	符号	频率	波段	波长	主要用途
极低频	ELF	3 ～ 30 Hz	极长波	$10^4 ～ 10^5$ km	
超低频	SLF	30 ～ 300 Hz	超长波	$10^3 ～ 10^4$ km	
特低频	ULF	300 ～ 3000 Hz	特长波	100 ～ 1000 km	
甚低频	VLF	3 ～ 30 kHz	甚长波	10 ～ 100 km	海岸潜艇通信、远距离通信、超远距离导航
低频	LF	30 ～ 300 kHz	长波	1 ～ 10 km	越洋通信、中距离通信、远距离导航
中频	MF	300 ～ 3000 kHz	中波	100 ～ 1000 m	船用通信、业余无线电通信、中距离导航、移动通信
高频	HF	3 ～ 30 MHz	短波	10 ～ 100 m	远距离短波通信、国际定点通信、移动通信
甚高频	VHF	30 ～ 300 MHz	米波	1 ～ 10 m	电离层散射通信、对空间飞行体通信、移动通信
特高频	UHF	300 ～ 3000 MHz	分米波	1 ～ 10 dm	小容量微波中继通信、对流层散射通信、中容量微波通信、移动通信
超高频	SHF	3 ～ 30 GHz	厘米波	1 ～ 10 cm	大容量微波中继通信、卫星通信、国际海事卫星通信、移动通信
极高频	EHF	30 ～ 300 GHz	毫米波	1 ～ 10 mm	再入大气层时的通信、波导通信
至高频	THF	300 ～ 3000 GHz	丝米波	1 ～ 10 dmm	

（注：分米波、厘米波、毫米波合称微波）

二、 移动通信基站

1. 移动通信基站的组成

移动通信基站是无线电台站的一种，是在一定的无线电覆盖区域内，通过移动通信交换中心与移动电话终端之间进行信息传递的无线电收发信息电台，可以形象地理解成无线网络到有线网络通信的一个转换器。移动通信基站一般由基站机房、基站设备、传输设备、动力设备、馈线、天线和天线支架等设备组成（见图 5-1）。手机移动通信信号传输示意图见图 5-2。

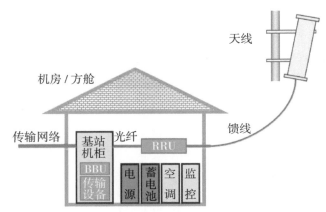

图 5-1　移动通信基站组成示意图

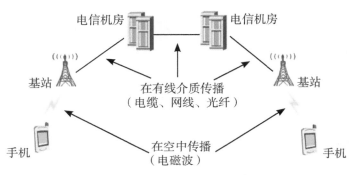

图 5-2　手机移动通信信号传输示意图

2. 移动通信基站电磁辐射特点

（1）目前公众移动通信使用的微波频段为 800 MHz ～ 5 GHz，有向 6 ～ 30 GHz 范围甚至更高范围发展的趋势。移动通信网络采用蜂窝小区技术，为避免互相干扰，各基站载波功率只能是几瓦至十几瓦，属于低功率照射（见图 5-3）。

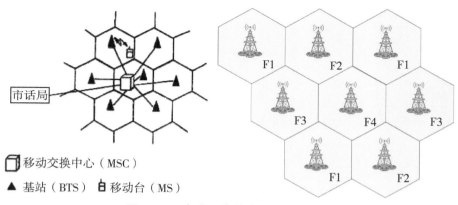

移动交换中心（MSC）

▲ 基站（BTS）　📱 移动台（MS）

图 5-3　移动通信蜂窝结构示意图

（2）电磁波在空间传播具有衰耗性，移动通信基站发出的电磁辐射随距离的增加快速衰减。

（3）基站天线电磁辐射一般具有较强的方向性，基站天线发射的无线电波是略平行于地面的，在垂直方向上很狭窄（见图 5-4）。

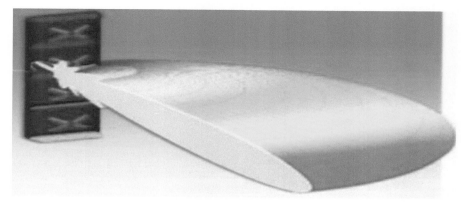

图 5-4　定向天线电磁波波束三维模拟图

（4）移动通信设备一般具备自动调节功率功能，当移动终端（手机）逐渐靠近基站时基站发射功率自动降低；当远离基站时，自动升高。

（5）移动通信设备的机房和杆塔、铁塔本身不发射电磁波，发射、接收电磁波的设备是挂在杆塔、铁塔上的天线（见图5-5）。

图 5-5　常见的移动基站天线外观

 输变电工程

1.输变电工程的作用

输变电工程是将电能的特性（主要指电压的大小及交流或直流）进行变换，并从电能供应地输送至电能需求地的工程项目。

通常可以将输变电工程分为交流输变电工程和直流输电工程，其中，交流输变电工程包括输电线路和变电站（或开关站、串补站），直流输电工程包括输电线路、换流站和接地极系统（见图5-6、图5-7）。

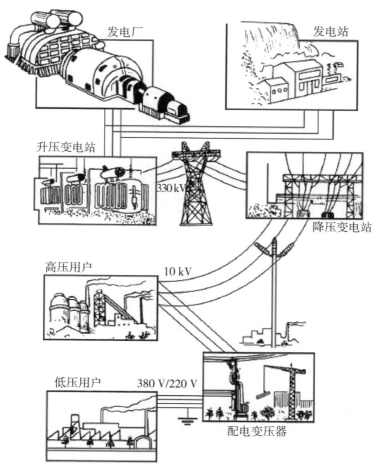

图 5-6 电力输送示意图 1

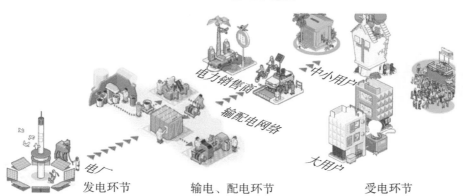

图 5-7 电力输送示意图 2

2. 输变电工程电磁辐射特点

（1）我国电力系统交流高压输电线路与设备的工作频率为 50 Hz。

（2）输电线路周围的电磁场与线路的高度、线路的排列方式、线路的距离等均有关系。在其他条件相同的情况下，电场强度主要取决于线路电压大小，磁场强度主要取决于线路电流大小。

（3）变电站周围电场强度和磁场强度一般随着距离的增加而减小。

3. 输变电设施工频电场和工频磁场的规定

国家生态环境部在输变电工程环境影响评价技术规范中规定，500 千伏超高压送变电设施的环境影响评价以工频电场 5 千伏 / 米、工频磁场 0.1 毫特为居民区评价标准。该标准可应用于 110 ～ 220 千伏高压输变电设施的环境影响评价。由于 100 千伏以下输变电设施的工频电场和工频磁场更小，被环保部门列入豁免水平以下的输变电设施进行管理。

国际非电辐射防护委员会（ICNIRP）于 1998 年发布了《限制时变电场、磁场和电磁场暴露的导则（300 GHz 以下）》。在这个导则中，对公众的限值是 5 千伏 / 米。由此可见，我国对输变电设施工频电场强度的限制规定比国际导则更严格，在数值上小于 1 千伏 / 米。

 ## 常用电器对人体健康的影响

1. 手机

一般手机发射功率在 2 W 以下，发射功率低。世界卫生组织发布的实况报道《电磁场与公共卫生：移动电话》中指出，"过去二十年来进行了大量研究以评估移动电话是否有潜在的健康风险。迄今为止，尚未证实移动电话的使用对健康造成任何不良后果"。2008 年我国发布的《移动电话电磁辐射局部暴露限值》（GB 21288—2007），对手机辐射做出了明确规定，以确保对人体健康不会产生影响。目前正规生产的手机都符合该规定，因而用户大可不必担心（见图 5-8）。

其实手机辐射量较低

图 5-8　手机对人体健康的影响有限

可以采用以下 3 个简单的办法合理降低手机对人体的电磁辐射：

（1）当手机在接通或呼出的瞬间，其发射功率相对较大，因此我们可在手机接通后再进行通话。

（2）使用耳机接听可有效减少电磁辐射对身体的影响。

（3）尽量减少通话时间。如果需要长时间的通话，最好使用有线电话。

2. 微波炉

日常生活中，人们常用微波炉来加热食物，它是一种常用的家用电器。微波炉可以通过内部的屏蔽装置来降低泄漏的微波能量。满足国家安全质量标准的微波炉，在微波炉外检测到的电磁场要比微波炉里的小得多。因此，按使用说明正确使用质量合格的微波炉，且在微波炉运行时人体与其保持一定安全距离（通常要大于 0.5 米以上），就是安全的（见图 5-9）。

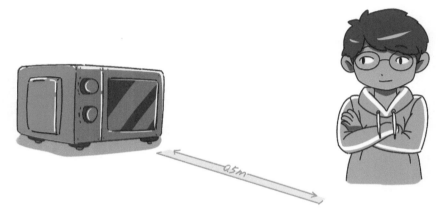

图 5-9　使用微波炉时要保持安全距离

3. 无线路由器

无线上网使用的电磁波频率大多是 2.4 GHz（或 5 GHz）频段，处于微波的波段，属于非电离辐射。辐射大小主要取决于信号发射的功率，与无线路由器的带宽没有必然联系。通过国内 3C 认证（中国强制性产品认证）的路由器限制功率是 20 dBm（0.1 W），辐射水平非常低，对人体的影响几乎可以忽略不计（见图 5-10）。

辐射水平非常低

图 5-10　路由器的辐射水平低

五、关于电磁辐射的常见误解

1. 误解 1：仙人掌防辐射

仙人掌生命力顽强并不等同于吸收辐射能力强，也不等同于用仙人掌做原料的制品具有特殊的防辐射能力。仙人掌只能吸收部分照射到它的辐射，对于照射到其他地方的辐射没有吸收能力（见图 5-11）。目前，没有确切的科学证据表明种植仙人掌或者使用仙人掌有关的制品、食品、物品对人体有显著的辐射防护作用。

图 5-11 仙人掌无辐射防护作用

2. 误解 2：网购防辐射服防电磁辐射

自然界中温度高于绝对零度（-273.15 ℃）的物体都会产生一定的辐射，人类生活的环境是一个充满辐射的世界。日常家居生活中碰到的电磁辐射达不到危害人体的程度，绝大多数辐射远远达不到对人体有危害性的阈值。通常网购平台上出售的防辐射服为非专业防辐射服，主要由金属纤维编制而成，利用电磁屏蔽原理来防辐射。金属纤维衣服虽然从理论上对一定频率范围内的电磁辐射有一定的屏蔽效果，但对于日常生活中常见的较低水平的电磁辐射源（如可见光、家用电器、输变电线路、移动通信基站和手机产生的辐射），采取其他正确的简单防护措施（如与电器保持一定距离、使用遮阳伞防晒等）即可保持安全。穿这种防护服对日常生活中的低水平电磁辐射没有必要，对高水平的电磁辐射防护要求又不能满足。在日常生活中购买这种防辐射服的必要性是不充分的，建议只有在专业工作需要辐射防护的场所才有必要购买合格的专业防辐射服。

3. 误解 3：高铁有辐射不安全

高铁是高速铁路的简称。我国高速铁路上运行的列车，使用的电力一般为 2.5 万伏、50 Hz 交流电。高铁系统虽然产生一定的电磁环境影响，但高铁车厢为铝合金金属车厢，对电磁场具有较好的屏蔽作用，而且高铁在设计时已经考虑了电磁辐射的影响。我国高铁内部人员活动区域的电磁辐射低于国际非电离辐射防护委员会（ICNIRP）制定的相应电磁场公众暴露限值（25 ～ 820 Hz 范围内，电场强度为 5 千伏/米和磁感应强度为 100 微特）和我国《电磁环境控制限值》（GB 8702—2014）所规定的控制限值范围，可以放心乘坐（见图 5-12）。

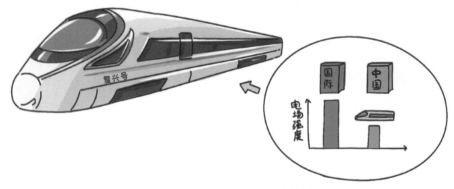

图 5-12　高铁的电磁辐射较低

4. 误解 4：小区移动基站不能建

我国移动通信基站的辐射是一种电磁波，目前频率一般在 800 MHz ～ 5 GHz 范围内，不会引起物质电离，一般也不会破坏生物组织器官的分子结构。按照我国《电磁环境控制限值》(GB 8702—2014) 规定，基站电磁辐射对公众暴露电磁场限值要求为功率密度小于 0.4 瓦 / 米 ^{2}（折合为电场强度 12 伏 / 米），比西方国家和国际上的标准要严格 4 倍。

从广西生态环境部门十多年对移动、电信、联通等三大移动通信公司的数万个移动通信基站监测结果来看，绝大多数基站的电磁环境水平都满足标准限值要求。辐射大小与基站天线辐射方向、发射功率、下倾角及基站的距离等因素有关。只要采取合适的防护措施，满足电磁环境有关标准要求，在小区内依法建设的移动通信基站是安全的（见图 5-13）。

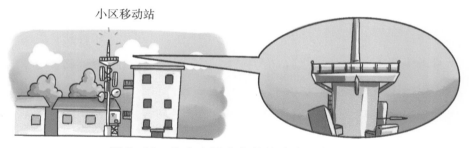

小区移动站

图 5-13　住宅小区内安装的移动通信基站

可能有人会问：将来基站越来越多了，辐射会不会越来越大？其实，基站密度越高，发射功率就会越低，电磁辐射就会越低；手机距离基站越近，在使用过程中对通话者的辐射越低。

手机的发射功率由基站控制，每个手机都会向最近的基站发送信息，保持与基站的联系。如果来自某个手机的信号太弱，造成通话无法正常进行，基站就会发出指令，让这部手机增大发射功率。一般来说，手机信号越弱，辐射越强。因此，基站多了，信号就强了，不仅基站本身辐射更低，手机对人体的辐射也会更低。与微波炉、电灯、手机等相比，基站的电磁辐射其实更低，几乎可以忽略不计。当人们正确地认识基站的电磁辐射后，就再也不必谈"基"色变了。

六、 辐射恐慌心理

日常生活中遇到的辐射主要包括电离辐射和非电离辐射。

电离辐射也就是人们常说的"核辐射"，是一种能量较高、能够使受作用物质发生电离现象的辐射。人体细胞受到电离辐射时会产生电离作用，可能使细胞受到一定的损伤，从而对人体健康产生一定的影响。电离辐射对人体的影响，还取决于身体吸收辐射能量的大小，吸收电离辐射能量大到一定程度才会对人体产生伤害。普通人日常生活中安检、医院体检、乘坐飞机时都会碰到电离辐射，但这些辐射正常情况下不足以对人体产生确定的辐射伤害。

生活中常见的辐射，诸如手机辐射、微波辐射、紫外线和红外线等电磁辐射均属于非电离辐射，其频率较低，不能电离物质，正常情况下几乎不会对人体健康造成影响，因此是相对安全的辐射。在日常生活中按照安全操作要求使用微波炉、手机和电脑等产品，并不会危害身体健康。

第六章

辐射环境

环境中存在的辐射

辐射按照能量的高低和电离物质的能力，可以分为电离辐射和非电离辐射，按其来源可以分为天然辐射源和人工辐射源。据统计，我国居民所受的电离辐射照射中，绝大部分来自天然辐射源的照射，天然辐射源所致的居民个人年有效剂量占总剂量的 94%，而人工辐射源所致的居民个人年有效剂量仅占总剂量的 6%。天然辐射源所致个人年有效剂量平均值见表 6-1。

表 6-1 天然辐射源所致个人年有效剂量平均值

辐射来源	个人年有效剂量平均值（mSv）	
	全球	我国
宇宙射线电离成分	0.28	0.26
中子	0.10	0.10
陆地伽马射线	0.48	0.54
氡及其子体	1.15	1.56
钍及其子体	0.10	0.185
钾 40	0.17	0.17
其他核素	0.12	0.315
总计	2.40	3.13

资料来源：《2020 年全国辐射环境质量报告》

1. 环境中的天然电离辐射源

环境中的天然电离辐射源主要包括来自外层空间的宇宙射线及宇生放射性核素和地壳中的原生放射性核素。

宇宙射线是指来自外层空间射向地球表面的射线，分为初始宇宙射线和次级宇宙射线。初始宇宙射线为直接来自外层空间的高能带电粒子，主要是质子和 α 粒子，以及某些更重的原子核；次级宇宙射线是由初始宇宙射线与大气中的原子核相互作用产生的次级粒子和电磁辐射，主要是 μ 介子、光子、电子及中子。来自外层空间的初始宇宙射线，绝大部分在大气层中被吸收，到达地球表面的宇宙射线几乎全是次级宇宙射线。宇生放射性核素主要是由宇宙射线与大气层中的核素相互作用产生的，其次是由宇宙射线与地表中核素相互作用产生的。在这些核素中，对公众剂量有明显贡献的是碳 14、氚（即氢 3）、钠 22 和铍 7，其中，碳 14、氚和钠 22 也是人体组织所含的核素。目前，我国已开展监测的宇生放射性核素包括氚和铍 7。

原生放射性核素是指从地球形成起一直存在于地壳中的放射性核素。原生放射性核素在环境（水、大气、土壤等）中到处存在，在人体内也存在。由地球形成时产生的各种核素，在几十亿年后的今天，只有半衰期大于 1 亿年的核素尚未衰变完。这些放射性核素共有 31 个，分为两类，一类为衰变系列核素，包括钍系、铀系和锕系 3 个放射性衰变系列，每个衰变系列包括多种不同的放射性核素；另一类为单次衰变的放射性核素，其中最常见的是钾 40。目前，我国已开展环境监测的原生放射性核素主要为一些半衰期较长的核素，如铀 238、钍 232、镭 226、钾 40、铅 210、钋 210 等。

2. 人为活动引起的天然辐射

人类所处的自然环境中天然辐射一直存在，数百年来天然辐射水平变化不大，但人为活动可引起天然辐射水平升高。引起天然辐射水平变化的人为活动分为两类：一类是改变了自然原有状况，从而引起辐射水平升高的人类活动；另一类是导致人所受辐射水平升高或降低的行为方式（如乘坐飞机、轮船和汽车等）。通常主要是指前者。引起天然辐射水平升高的人为活动主要有金属冶炼、磷酸盐加工、煤矿和燃煤电厂、石油和天然气开采、稀土金属和氧化钛工业、锆与制陶工业、天然放射性核素的使用（如镭和钍的应用）及航空业、建筑业等。

3. 环境中的人工电离辐射源

人工电离辐射源主要包括核武器试验和生产、核能生产，以及核与辐射技术在医学诊断与治疗、科学研究、工业、农业等各个领域的应用。与天然放射性核素相反，人工放射性核素是指地球上本不存在，通过粒子加速器或核反应堆人为制造出来的。目前，我国已开展环境监测的人工放射性核素包括氚、锶 90、碘 131、铯 134 和铯 137 等。在人工电离辐射源中，电离辐射的医学应用分为放射诊断、放射治疗和核医学等三部分。其中，医学放射诊断检查是最大的辐射源，所致的全世界人均年有效剂量远高于所有其他人工源。

大气层核试验是环境中人工辐射源对全球公众产生辐射照射的主要来源。1945—1980 年，世界各地进行了多次大气层核试验。核试验产生的放射性裂变产物和其他放射性核素，一部分在试验场附近沉积，大部分在大气中迁移、弥散，造成全球性沉降。1980 年后，大气层核试验中止。由于放射性核素的衰变及其在地表中的迁移扩散作用，沉降到地表的大气层核试验沉降灰的影响逐渐减弱。目前，在地表中仅存在一些痕量的长寿命裂变产物（如锶 90 和铯 137），以及氚和碳 14 等放射性核素。随着时间的推移，大气层核试验沉降灰的影响将不断减弱。

核能生产引起的公众照射包括整个核燃料循环引起的照射。核燃料循环包括铀矿的开采和选冶、铀的转化和富集、核燃料组件的制造、核电厂的运行、乏燃料的贮存和后处理、放射性废物贮存和处理。核电厂是最大型的一类核设施，具有完善的多重安全屏障系统，保证在正常运行状况下对环境的释放很小，它的事故概率很低、安全水平很高。核电厂在正常运行条件下，排入大气的主要是裂变气体（氪和氙等）、活化气体（碳 14 和氩 41 等），以及碘、微尘和氚。液态流出物主要有氚、碘、钴、铯及其他核素。

除核能利用外，放射性同位素与射线装置在工业、农业、医疗、国防及科学研究等领域广泛应用。放射性同位素应用主要有示踪和射线分析、射线检测技术和辐照技术等；射线装置应用分为 X 射线机和加速器两类，X 射线机除应用于放射诊断和治疗外，还广泛应用于工业探伤和荧光 X 射线分析，而且在电子设备生产中也常被使用。

4. 电离辐射照射的途径

人体接受电离辐射照射的途径分为外照射和内照射。通常，环境中的天然辐射及人为实践或事件释放的核素形成对人体的外照射。土壤、岩石和建筑材料中存在着许多天然放射性核素，其衰变辐射形成了对人体的外照射。人为实践或事件释放的放射性核素进入大气，人们可能会受到它们的外照射，这种外照射一般分为两类情景：一类为烟云从人体头顶上空经过时形成的外照射（称为烟云照射），以及含有放射性核素的空气包围人体形成的外照射（称为浸没照射）；另一类为释入大气的放射性核素在运动过程中会衰变或在短期内由于干或湿沉降落到地表，这些已沉积的核素会因衰变而对沉积区内的人们产生外照射。内照射通常是指摄入人体内的核素产生的照射，主要有两种途径，即吸入空气中的放射性核素所造成的吸入内照射，以及当环境中的放射性核素进入食物链时所造成的食入内照射。在放射性核素进入环境后，食入内照射与外照射通常是主要途径和持续来源。

5. 环境中的电磁辐射

电磁辐射是一种物理现象，是能量以电磁波形式由源发射到空间的现象，是变化的电场和变化的磁场相互作用形成的一种能量流的传播。

电磁辐射源从来源可分两类，即天然电磁辐射源和人工电磁辐射源。

天然电磁辐射源主要有太阳系和星际电磁辐射（包括宇宙射线）、紫外线、可见光、红外线、地磁场、地球和大气层电磁场等。人工电磁设施一般可分为广播电视发射设施，通信雷达及导航发射设施，高压输变电设施，交通系统和工业、科研、医学用的电磁设施等。影响电磁环境质量的人工电磁辐射源主要为射频电磁设施和工频电磁设施。

为了保护环境，保障人体健康，防治电磁辐射污染，1988 年我国首次发布《电磁辐射防护规定》（GB 8702—88），确定了 0.1 MHz ～ 300 GHz 频率范围内的电磁辐射防护限值。目前，我国环境监测开展的电磁辐射监测项目主要是频率范围为 30 ～ 3000 MHz 的综合电场强度。

二、辐射环境质量监测

辐射环境质量监测有以下几个目的：①积累辐射环境基础数据，总结变化规律，准确、及时、全面反映辐射环境质量现状及发展趋势，为辐射环境质量评价和辐射环境影响评价提供依据；②识别异常数据，跟踪并判断环境风险；③为公众提供信息，保障公众对核与辐射安全的知情权，提升公众对核与辐射安全的认知水平。

根据电离辐射照射途径和辐射环境质量监测目的，开展的电离辐射环境监测主要包括空气吸收剂量率等环境辐射水平监测，以及空气、水体、土壤和生物等环境样品中放射性核素活度浓度监测。图 6-1 为电离辐射环境监测对象示意图。

如果要评估环境中电磁辐射水平，则需要进行综合电场强度的监测。

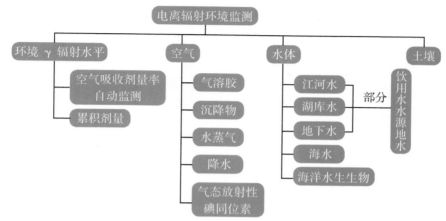

图 6-1 电离辐射环境监测对象示意图

 空气中主要监测的放射性项目

空气中放射性核素浓度主要监测的项目包括气溶胶、气态放射性碘同位素（以下简称"气碘"）、水蒸气、沉降物、降水及氡。

 气溶胶的来源

气溶胶是悬浮在大气中的固体或液体微粒。放射性物质可通过多种方式进入大气，从而使环境中气溶胶含有放射性核素，具体包括以下几种：

（1）核与辐射设施在正常运行时，向大气环境排放气态流出物。

（2）大气层核试验、核事故向大气环境释放大量放射性物质。

（3）地层和建筑物等散逸到空气中的氡，经衰变生成钋、铋、铅等天然放射性物质。

（4）燃煤电厂等人为活动向大气环境排放天然放射性物质。

气溶胶在大气中随气流而迁移，或在高空成为雨、雪的凝聚核心，或通过溶解和化学反应与水滴结合，降落到地面。沉降于地面的放射性物质又可通过水的蒸发、风的作用而重新进入大气。气溶胶中的放射性核素对人直接造成外照射，也可因吸入而造成内照射。

五、气碘的来源

碘在空气中以微粒碘、无机碘和有机碘的形式存在。碘有 35 种同位素和 8 种同质异能素，除碘 127 为稳定核素外，其余均为放射性核素。其中，最重要的放射性同位素是碘 131，它是人工放射性核素，正常情况下自然界中不会存在。尽管核试验和核事故会向环境释放大量的碘 131，但目前局部环境有时可观察到的微量碘 131 主要来自同位素生产、相关医疗机构和反应堆运行。碘 131 是一种极易挥发的放射性核素，在全球范围内弥散和迁移，通过吸入或沉降后经食物链食入后对人体造成内照射。

六、沉降物的来源

沉降物是指自然降至地表的颗粒物，由重力沉降和干湿沉积形成。其中，粒径和密度较大的颗粒物质受重力和空气阻力的影响，以一定的速度向地面沉降。因不规则随机运动，沉降物在与地表面相遇时，与地面之间发生碰撞、静电引力、吸附和各种可能的化学作用，使细小颗粒从空气中得以清除并沉积于地面。降水对空气中的颗粒物和气溶胶的清洗作用会导致湿沉降。沉积到地面的放射性核素会对人体直接造成外照射；沉积的放射性核素，经食物链对人造成内照射。部分沉积在地面上的颗粒物质可因风或人活动的扰动而扬起，造成空气的二次污染。

七、氚的来源

氚是氢的放射性同位素。它既是一种天然放射性核素，又是一种人工放射性核素。天然存在的氚是由高能宇宙射线（中子和质子）与大气中的氮和氧相互作用产生的，但其量甚微。核爆炸试验和人工核裂变的释放（核电站的核燃料处理等）是环境中氚的主要来源。环境中氚主要是以氚化水（HTO）的形式存在。氚是一种发射纯 β 射线的放射性核素，其 β 射线的最大能量为 18.6 keV，平均能量为 5.7 keV，因此属于低毒性核素。从剂量学角度来看，其主要是内照射的危害。

八、总放射性分析

总放射性分析通常是指总 α 放射性与总 β 放射性的分析测量，所分析的不是样品中某种核素的活度浓度，而是分析样品中 α 放射性核素和 β 放射性核素的总活度浓度。由于总放射性测量方法简便、快速，分析测量的成本低，又能很快得出分析结果，因此总放射性分析方法对大量放射性监测样品的快速筛选是十分有用的。经总放射性测量，如果该样品的总 α 和总 β 放射性活度浓度处在正常范围，就不必对该样品进行单种核素的分析测量，这样不仅可以节省大量的时间，又能节省大量的人力和物力。

九、水中放射性核素的来源

地面水体包括海洋、江河、湖泊和沼泽等水域，它们与地下水一起构成地球上的天然水系统。天然水体中往往溶解、夹带着各种环境物质。此外，天然水体中还生长着各种水生生物，从而形成复杂而庞大的体系。放射性核素可通过以下几种方式进入水体：

（1）核设施液态流出物的排放。

（2）大气中气载放射性物质的沉降。

（3）通过侵蚀和渗透，将土壤、岩石中的放射性物质带入水体。

（4）地下水流经含有放射性物质的矿藏，将放射性核素溶解带入地下水。

（5）固体放射性废物的地下处置（环境屏障及工程屏障失效时）。

放射性核素进入水体后，将伴随各种物理、化学及生物变化。物理变化包括水的流动导致放射性核素在水中的弥散以及固体颗粒物在水中的沉积与再悬浮；化学变化包括放射性物质在水中的水解、络合、氧化还原、沉淀等；生物变化包括水生生物对放射性物质的吸附、吸收、代谢及转化作用。

水中的放射性核素会对在水中或岸边活动的人直接造成外照射，也可经食入或皮肤吸收等途径对人体造成内照射。

十、土壤监测的重要性

土壤是指岩石的风化物，加上由生物活动而生成的物质，主要是由黏土、淤泥、砂子及有机物组成的混合物。由于土壤的放射性水平反映了沉降物的累积，以及可能向食物链和其他途径（特别是水途径）转移，因此对土壤的采样监测十分重要。

 **土壤中放射性核素的来源**

土壤中放射性核素的来源主要有以下几种方式：

（1）自地球形成以来，地壳岩石中就存在原生放射性核素，作为岩石循环的一部分，原生放射性核素最终落于土壤。

（2）宇生放射性核素，包括碳14、氚和铍7等，以及重元素自发裂变或诱发裂变而产生的锆95、铯137等天然裂变产物核素。

（3）人为活动，如大气层核试验产生的沉降和像切尔诺贝利核事故类似的放射性事故。这些活动的沉积研究表明，放射性粒子随空气流环流世界。粒子的重量和天气决定了它们多久能落到地面，有时一场大雨就会使放射性粒子快速落到地面。通过灌溉农田，也会使地表水中的放射性核素进入土壤。

（4）核设施液态流出物的排放，以及雨水对铀矿冶废矿石和尾矿堆的冲刷也是区域性土壤中放射性物质的重要来源。

表层土壤的放射性物质会对人体直接造成外照射。农作物根部吸收过程导致放射性物质会经食物链途径对人体造成内照射，土壤表层颗粒和沉积物被风扬起（再悬浮）也会经呼吸途径对人体造成内照射。

 **广西辐射环境**

根据《广西壮族自治区生态环境状况公报（2020年）》，2020年广

西辐射环境质量总体良好。

广西境内 15 个辐射环境自动监测站连续空气吸收剂量率处于本底涨落范围内，月均值测值范围为 58.9 ～ 92.9 纳戈瑞 / 小时，平均值为 71.9 纳戈瑞 / 小时，与 2019 年相比无明显变化。

广西境内累积剂量测得的空气吸收剂量率处于本底涨落范围内，年均值范围为 61.6 ～ 203 纳戈瑞 / 小时，与 2019 年相比无明显变化。

广西境内气溶胶和沉降物中天然放射性核素铍 7、铅 210、钋 210、钾 40、铋 214、镭 228 活度浓度均处于本底涨落范围内，人工放射性核素锶 90 和铯 137 活度浓度未见异常，其他人工伽马放射性核素未检出。空气（水蒸气）和降水中氚活度浓度、空气中气态放射性碘同位素均未检出。

广西境内珠江水系和长江水系主要河流断面水体中总 α 和总 β 活度浓度，天然放射性核素铀和钍浓度、镭 226 活度浓度处于本底涨落范围内，人工放射性核素锶 90、铯 137 活度浓度未见异常。集中式饮用水源地水中总 α 和总 β 活度浓度低于《生活饮用水卫生标准》(GB 5749—2006) 规定的放射性指标指导值。地下水中总 α 和总 β 活度浓度，天然放射性核素铀和钍浓度、镭 226 活度浓度均处于本底涨落范围内。近岸海域海水中铀和钍浓度、镭 226 活度浓度均处于本底涨落范围内，人工放射性核素锶 90、铯 137 活度浓度均在《海水水质标准》(GB 3097—1997) 规定的限值内。海洋生物中各放射性核素活度浓度未见异常。

广西境内土壤中天然放射性核素铀 238、钍 232、镭 226、钾 40 活度浓度均处于本底涨落范围内，与 1983—1990 年全国环境天然放射性水平本底调查结果处于同一水平，人工放射性核素铯 137 活度浓度未见异常。

广西境内电磁环境水平低于《电磁环境控制限值》(GB 8702—2014) 规定的公众暴露控制限值（频率范围为 30 MHz ～ 3000 MHz）。

第七章

电离辐射对人体的危害及预防

电离辐射的危害

电离辐射危害主要是 α、β、γ、X 射线等造成的。电离辐射对机体的损伤可分为急性放射损伤和慢性放射损伤。

1. 急性放射损伤

人体短时间内接受一定剂量的照射而引起机体的损伤，称为急性放射损伤。

2. 慢性放射损伤

人体较长时间内分散接受一定剂量的照射而引起的放射性损伤，称为慢性放射损伤。如皮肤损伤、造血障碍、白细胞减少、生育力受损等，过量辐射还可导致癌症和胎儿畸形或死亡。

 电离辐射对人体伤害机理

人体有体细胞和生殖细胞两类细胞，它们对电离辐射的敏感性和受损后的效应不同。电离辐射对机体的损伤，其本质是对细胞的灭活作用，当被灭活的细胞达到一定数量时，体细胞的损伤会导致人体器官组织发生疾病，最终可能导致人体死亡。体细胞一旦死亡，损伤细胞也随之消失，不会转移到下一代。

在电离辐射或其他外界因素的影响下，可导致遗传基因发生突变。当生殖细胞的 DNA 受到损伤时，后代继承母体改变了的基因，导致生产有缺陷的后代，因此人体一定要避免大剂量照射。人体不同器官对电离辐射的敏感度见图 7-1。

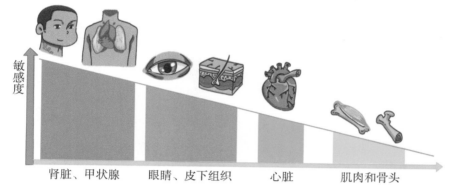

图 7-1　人体不同器官对电离辐射的敏感度

 几种产生电离辐射的射线

几种产生电离辐射的射线及其特点如下：

1.α 射线

α 射线的特点是"体外无妨，体内猖狂"。α 射线在传播过程中损耗很快，在空气中只能传播几厘米，是穿透力最差的电离辐射，一张纸片和人的表层皮肤就能将其轻松拦下。但如果 α 放射源经呼吸、饮食和注射等方式被带入体内，则杀伤力大大增强。

由于 α 射线的电离本领强，其能量可达 5 MeV，只需 10 eV 的能量就能使原子电离，因此对活体细胞和组织的杀伤力极大。内照射时，α 射线对活体组织的有效剂量，相当于等量 γ 射线和 X 射线的 20 倍。

2.β 射线

β 射线的特点是能穿透皮肤，"铝"试不第。β 射线的传播距离比

α 射线稍长一些，可以穿透皮肤进入体内组织器官，需要几毫米厚的铝板或几厘米厚的塑料板才能阻挡。内照射时虽然也有不俗的威力，但远不及 α 射线。

3. X 射线和 γ 射线

X 射线和 γ 射线的特点是欺小怕大。X 射线和 γ 射线的穿透力远在 β 射线之上，纸片、皮肤、木质板材和铝板已经无法阻止它们。研究发现，X 射线和 γ 射线在物质中的穿透力具有"欺小怕大"的特点：材质的密度和组成该材质的原子数越大，越能有效阻挡它们强大的辐射能量，厘米级以上厚度的混凝土层（核电站反应堆安全壳外层就是混凝土结构）和毫米级以上厚度的金属铅，是屏蔽 X 射线和 γ 射线的常见材料。图 7-2 为粒子穿透能力示意图。

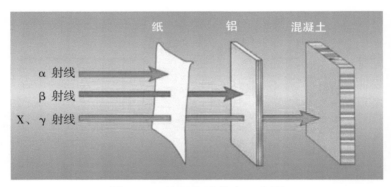

图 7-2　粒子穿透能力示意图

 不同强度辐射对人体的影响

（1）吃一根香蕉受到约 0.1 微希的辐射。

（2）10000 米高空的辐射强度约 2 微希 / 小时，乘坐 10 小时飞机，人体受到的辐射约 20 微希。

（3）单个部位的 CT 扫描辐射剂量约 7 毫希，全身 CT 平扫约 13 毫希，胸片的辐射剂量约 0.1 毫希。

（4）全球不同地区的天然本底辐射剂量值存在差别，我国天然本底辐射平均剂量约 3.1 毫希 / 年；芬兰和瑞典较高，为 6 ～ 8 毫希 / 年。

（5）对不接触辐射性工作的人，每年受到正常的天然本底辐射为 1 ～ 2 毫希。

（6）600 ～ 1000 毫希的辐射会使人出现各种辐射相关的疾病；3000 毫希的辐射会使接近一半的人死亡；4000 ～ 8000 毫希的辐射会使人在 30 天内进入垂死状态。

（7）低于 100 毫希 / 年的辐射对人群癌症发生率的影响和本底辐射并无差异。医务工作者的剂量限值为 20 毫希，即使加上天然本底辐射，都远低于 100 毫希水平。不同剂量的辐射对人体的影响见图 7-3。

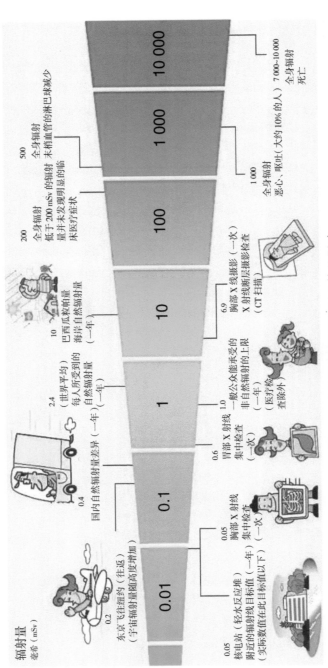

图 7-3　不同剂量的辐射对人体的影响

辐射防护的目的

辐射防护的目的是防止可避免的辐射照射和尽量减少辐射的可能危害，保护人类和环境。为了达到辐射防护目的，辐射防护必须遵循辐射实践正当化，辐射防护最优化和个人剂量限值三项基本原则。

根据《电离辐射防护与辐射源安全基本标准》（GB 18871—2002），辐射防护剂量限值体系对职业照射和公众照射有明确的剂量限值要求：对于职业照射，连续 5 年内的平均有效剂量为 20 毫希（mSv）；对于公众照射，年有效剂量为 1 毫希。

 内照射和外照射的防护

合理的辐射防护和必要的安全管理措施，可有效降低辐射所产生的危害。电离辐射影响人体的途径主要有外照射和内照射两种。

1. 外照射防护

外照射是指来自体外的电离辐射对人体的照射。根据外照射的特点，尽量减少和避免辐射从外部对人体的照射，使人体所受照射不超过规定的剂量限值。外照射防护的具体方法如下：

（1）缩短时间。减少接触辐射源时间，因为人体所受辐射照射的累积剂量和照射时间成正比，时间越长，所受的剂量越多。

（2）增大距离。增大人与辐射源之间的距离，因为人体所受辐射照射剂量和人与放射源之间距离的平方成反比，也就是说距离辐射源越远越安全。

（3）设置屏蔽体。在人体和辐射源之间设置屏蔽，当缩短时间和增大距离的措施的有效性和方便性受到限制时，设置合适的屏蔽体是有效的防护措施。对于 γ 射线屏蔽，通常可采用原子序数大的物质进行屏蔽，如铅等；对于中子的屏蔽，一般使用含氢、硼材料进行慢化和吸收。

2. 内照射防护

内照射是指体内源的照射，即放射性物质通过食入、吸入、伤口或皮肤渗入等方式进入人体，在体内发射射线照射人体。内照射防护的具体方法如下：

（1）防止或减少放射性物质进入体内，对于放射性核素可能进入体内的途径要予以防范，避免食入，减少吸收，避免在污染地区逗留，减少体内污染机会。用手帕、毛巾、布料等捂住口鼻可使吸入性放射性物质所致剂量减少约 90%，戴帽子、手套、穿雨衣、雨靴等也可进行体表防护。如受到或怀疑受到放射性污染的人员要进行淋浴去污，并将受污物品脱下存放起来以备后续处理。

（2）避免摄入污染区的食物和水源，避免在污染区触摸任何物体，以防皮肤表面被污染和辐射危害，防止伤口被污染。

（3）要尽快撤离污染区，接受安检人员检测和处理，避免与无辐射防护条件的人直接接触而造成二次污染。

七、核事故发生后公众的自我保护

一旦发生核事故，公众首先应避免紧张恐慌的情绪，及时收听广播或收看电视，尽可能随时获取政府部门有关的决定和通知，了解核事故的处理进程，切不可轻信谣言。

在有可能发生放射性污染的情况下，尽量在室内隐蔽、停留，同时采取必要的保护措施。例如，关好门窗和通风设备，注意接收当地政府发布的信息，配合政府准备有序撤离。

根据核事故的严重程度，核事故应急状态分为4级，即应急待命、厂房应急、场区应急和场外应急（场指核电厂区域）。启动场外应急时说明事故中的辐射有超出场区范围的可能性。当核设施发生事故导致场外应急时，设施释放的放射性物质会在大气中形成烟羽。根据释放量和当时的气象条件做出评估后，地区核事故应急机构根据评估及时发出警报，公众遵照指挥躲在屋内关好门窗或场外疏散远离事故场所，躲开放射性烟羽，保护自己免受或少受放射性危害。

八、核事故应急防护措施

在核事故发生的早期、中期、晚期，应根据不同情况采取相应的应急防护措施。

在核事故的早期（1～2天内），有较大量放射性物质向大气释放，可采取的防护措施有隐蔽、呼吸道防护、服用稳定性碘等防护药物、撤离、控制进出口通路等。这些措施对来自烟云中放射性核素的外照射、由烟云中放射性核素所致的体内污染均有防护效果。呼吸道防护，即使用口罩或毛巾捂住鼻子，可防止或减少吸入烟云中放射性核素所致的体内污染。服用稳定性碘可防止或减少烟云中放射性碘进入人体后在甲状腺内的沉积。依据照射途径的不同，可采用不同的方法减少放射性物质进入体内的量。为防止放射性微尘的吸入，首先应避免使近地面空气再度污染，如人员步行、车辆行驶或土工作业时，均应尽量减少扬尘。确实难以避免时可采取加大车距、改变通过路线等方法避开多尘的地点，适当浇湿地面也可减少扬尘。车辆和房屋本身均有不同程度的密闭性能，可大大减轻车内或房内空气污染程度。

在核事故的中期，已有相当大量的放射性物质沉积于地面，有时放射性物质还可能继续向大气释放。此时，对个人而言除可考虑中止呼吸道防护外，其他的防护措施还可继续采取。为避免长时间停留而受到过高的累计剂量，主管部门可有控制和有计划地将人群由污染区向外迁移。此外，还应考虑限制当地生产或储存食品和饮用水的销售和消费。控制食品和饮用水带来的风险要比避迁小得多。根据这个时期人员照射途径的特点，可采取在畜牧业中使用储存饲料、对人员体表去污、对伤病员救治等的防护措施。

在核事故的晚期，做出防护措施决定所面临的问题：在早期、中期阶段已采取防护措施的地区是否或何时可以恢复社会正常生活；是否需要进一步采取防护措施。做出允许恢复正常生活秩序的决定，其影响是多方面的，如受影响地区活动的特点、避迁人群的大小、季节和时令、除污工作的难易程度，以及人们对返回家园的态度。是否继续采用某项措施，或是否进一步采取其他防护行动，均须由主管部门评估并进行代价利益的分析。

九、碘片防辐射

核事故发生后，一般会伴随着放射性碘131等物质释放出来，其被人体吸收后，会沉积在甲状腺，对甲状腺造成辐射损伤。为了减少人体对碘131的吸收，可在核事故后服用一定量的碘片，使甲状腺吸收足够量的稳定性碘，达到碘浓度的饱和，从而不再吸收或尽量少吸收放射性碘，或使进入人体内的放射性碘尽快排出体外，防止或减少放射性碘造成的放射性损伤。

1. 服碘的有效方式

服碘的前提：若甲状腺可避免的剂量＞0.1 戈瑞，则表明需要服用稳定碘。

标准药量：一次服用稳定碘的标准药量是 0.1 克，可以在放射性碘持续照射中，对甲状腺起到 2～3 天的防护作用。超过 3 天，应重复这个标准药量，一年的总药量不能超过标准药量的 10 倍。

服碘的时机：正确方式是在照射之前或照射后的最初几个小时（约 4 小时）内服碘，该阶段碘预防是有效的。错误方式是服碘时间在超过受照射后 8 小时，这时候服碘效果非常低，可能适得其反。

2. 碘盐不能防辐射

虽然食用盐中含碘，但含量低，对防辐射基本不发挥作用，具体原因如下：碘盐中碘的存在形式是碘酸钾（KIO_3），在人体胃肠道和血液中转换成碘离子而被甲状腺吸收利用。我国规定碘盐的碘含量为 30 毫克/千克，按人均每天食用 10 克碘盐计算，可获得 0.3 毫克碘。而碘片中碘的存在形式是碘化钾（KI），碘含量为每片 100 毫克。按照每千克碘盐含 30 毫克碘计算，成人需要一次摄入碘盐约 3 千克，才能达到预防的效果，远远超出人类能够承受的盐的摄入极限。因此通过食用碘盐预防放射性碘的摄入是无法实现的，而且过量摄入盐还会导致多种疾病。

核事故等级的划分

为了统一划分各国核电厂事故的级别，便于互相通报和与公众进行交流，国际原子能机构（IAEA）和经济合作与发展组织（OECD）于1990年发布了国际核事件分级表（见表7-1），目前已被普遍采用。8个等级中的较低级别（1～3级）称为事件，较高级别（4～7级）称为事故，0级表示无核安全意义的事件（见图7-4）。

表 7-1　国际核事件分级表（INES）

级别	说明	准则	实例
7 级	特大事故	堆芯的放射性裂变产物大量逸出至场区外（其量相当于 10^{16} Bq 碘 131）；可能有急性健康效应。在广大地区（可能涉及一个以上国家）有慢性健康效应；有长期的环境后果	1986 年，苏联切尔诺贝利核事故；2011 年，日本福岛第一核电站事故
6 级	重大事故	明显向场区外逸出裂变产物（其量相当于 10^{15} ～ 10^{16} Bq 碘 131）；很可能需要全面实施当地应急计划	
5 级	有厂外风险的事故	有限地向场区外逸出裂变产物（其量相当于 10^{14} ～ 10^{15} Bq 碘 131）；需要部分地实施当地应急计划（如就地隐蔽或撤离）；由于机械效应或熔化，堆芯严重损坏	1979 年，美国三哩岛核事故
4 级	无明显厂外风险的事故	少量放射性向场区外逸出；除当地食品要控制外，一般不需要场区外防护措施；堆芯有某些损坏；工作人员所受剂量（1 Sv 量级）可能导致急性健康效应	
3 级	重大事件	极少量放射性（超过规定限值）向场区外逸出；无须场区外防护措施；场区内严重污染；工作人员受过量照射；接近事故状况——丧失纵深防御措施	

续表

级别	说明	准则	实例
2级	事件	不直接或立即影响安全，但有潜在安全影响	
1级	异常	没有危险，但偏离正常的功能范围，这可能是设备故障、人为失误或程序不适当所造成	
0级	安全上无重要意义		

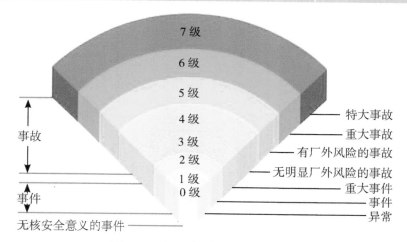

图 7-4 国际核事件分级表简图

 历史上典型的核事故

1.三哩岛核事故

【时间】1979 年 3 月 28 日

【地点】美国宾夕法尼亚州的三哩岛核电站

【堆型】压水堆

【事故定级】INES 5

【事故经过】压水堆核电站 2 号堆由于反应堆堆芯失水及操作失误，三分之二的堆芯严重损坏，反应堆最终陷于瘫痪的严重事故。

【事故影响】由于主要的工程安全设施都自动投入，同时由于反应堆安全壳的包容作用，安全壳滞留了大部分放射性物质，释放到外界环境中的放射性物质较少。人员无一伤亡，在事故现场，只有 3 名工作人员受到了略高于半年的容许剂量的照射。核电站附近 80 千米以内的公众，一年内平均每人受到的剂量不到天然本底的百分之一。三哩岛核事故是压水堆核电站运行历史上最大的一次事故，对公众未造成任何辐射伤害，对环境的影响极小。

2. 切尔诺贝利核事故

【时间】1986 年 4 月 26 日

【地点】乌克兰基辅市以北 130 千米处的切尔诺贝利核电厂

【堆型】沸水堆

【事故定级】INES 7

【事故经过】切尔诺贝利核电厂 4 号堆发生堆芯熔毁，导致反应堆厂房和汽轮机厂房被摧毁，大量放射性物质外逸的严重事故。

【事故影响】放射性物质释放到大气中，覆盖欧洲东部、西部和北部大部分地区，有超过 33.5 万人被迫撤离。此次核事故的直接死亡人数为 31 人，另有数千人因受到过量辐射患上各种慢性病。切尔诺贝利核事故是核电历史上最严重的一次事故，使人类真正认识到核电厂系统的复杂性和安全的重要性。

3. 福岛核事故

【时间】2011 年 3 月 11 日

【地点】日本福岛第一核电站

【堆型】沸水堆

【事故定级】INES 7

【事故经过】日本发生里氏 9.0 级地震，导致核反应堆保护系统及时发挥作用使反应堆自动停堆，但电网供电系统及交通受到严重破坏，加之地震引起的强烈海啸，进一步摧毁了电站内的应急电源，导致反应堆冷却系统功能完全丧失，余热无法排出，堆芯燃料熔化，引发氢气爆炸，最终导致放射性物质从损坏的建筑物排放至外界环境。

【事故影响】核事故导致超过 30 万人被迫撤离，大量放射性物质释放到大气和海洋中，是有史以来人类观察到的最大规模的放射性海洋污染，对生态环境有着长远的影响。

 **核辐射损伤远期效应**

在中等或大剂量范围内，核辐射致癌已被动物实验和流行病学调查所证实。

在受到急慢性照射的人群中，会出现白细胞数量严重下降，肺癌、甲状腺癌、乳腺癌和骨癌等各种癌症的发病率随照射剂量增加而增高。辐射致癌是一种随机性效应。

另外，辐射有可能使人体基因产生突变。这些突变不但增加人体自身患癌症的风险，而且如果生殖细胞受到损害还可能会遗传下去，辐射的副作用会在子孙后代身上展现出来，如可能导致畸形、生长缓慢和智力障碍等。

 **各等级辐射的症状**

在接受超过人体安全标准剂量的辐射几小时之内，人会出现恶心、呕吐，随后可能出现腹泻、头痛和发烧。在最初症状之后，人体可能会在一段时间内不出现任何症状，然而往往在几周之内，又有新的、更加严重的症状发生。

如果接受高剂量的辐射，以上所述的所有症状都可能立即出现，并伴随着全身性的，甚至可能致命的脏器损害。

 **放射性污染持续的时间**

核爆炸和反应堆事故中，放射性碘和放射性铯是裂变产物的主要成分。放射性的碘衰变很快，大部分将会在1个月内消失。放射性铯在体内不会久留，大部分会在1年之内排出。由于放射性铯半衰期长，它会存留在自然环境中，可能会带来长久的风险。

 **食疗预防核辐射**

1. 日常饮食

（1）维生素数量要确保。宜多摄入一些海带、卷心菜、胡萝卜、蜂蜜、枸杞子等。

（2）蛋白质要有质量。如多吃胡萝卜、番茄、海带、瘦肉、动物肝脏等。

（3）无机盐供应宜加量。每人每天 6 克，即 2 个啤酒瓶盖的量。

（4）能量供给要充足。每人每天保证小碗米饭 3 ～ 4 碗，吃到八分饱。

（5）脂类摄入不宜高，但需增加植物油所占的比重。

（6）矿物质平衡尤为重要。对肾脏健康的人而言，每人每天 2000 毫升水、500 克各色蔬菜、2 ～ 3 个苹果、少量坚果，即可保证基本的人体矿物质需求。

（7）辛辣食物有一定益处，但需要结合身体的体质，痰湿、阴虚者不适合食用。

（8）多吃对核辐射有特殊防治效果的食品，如黑芝麻、紫苋菜、绿茶、番茄红素食物（番茄油炒）、杏、西瓜、番木瓜、红葡萄、螺旋藻（海带、螺旋藻类）、花粉、银杏叶制品。

2. 服用保健品

（1）多糖类：人参、枸杞子、黄芪、当归、灵芝、木耳、芦荟、猴头菇、海带等。

（2）黄酮类：黄芪、大豆、银杏叶制品等。

（3）皂苷类：人参、刺五加等。

（4）多酚类：葡萄核、绿茶等。

 **日常生活中的辐射防护**

1. 针对电离辐射

（1）遇到辐射威胁的时候，最好的预防方法是将自己处于相对隔离的环境，避免接触辐射污染物。

（2）在医院接受放射性检查时，去正规大医院并严格听从医生操作要求。

（3）乘坐交通工具接受行李安检时，手不要伸入安检仪器内取包。

（4）装修时不要使用辐射超标的天然石材，装修完毕可委托第三方检测机构检测室内是否放射性超标。

（5）陶瓷釉彩类材料要购买符合国家标准的产品，不要购买劣质产品。

2. 针对电磁辐射

（1）合理放置家用电器，保证安全距离。

（2）使用合格的电子设备。

（3）开启微波炉后保持安全距离。

（4）手机接通来电的瞬间释放的电磁辐射最大，可以考虑使用耳机接听来电。

（5）不要总在电子环境中工作，多参加户外活动，走进大自然，远离电子环境。

（6）健康生活，合理膳食。黑芝麻、紫苋菜能增强机体免疫功能，保护人体健康。绿茶中的茶多酚是抗辐射物质，可减轻各种辐射对人体的不良影响。辣椒、黑胡椒、咖喱、生姜之类的香辛料能保护细胞的DNA，使之不受辐射破坏。